これだけはつかみたい 線形代数

来嶋大二　田中広志　小畑久美　著

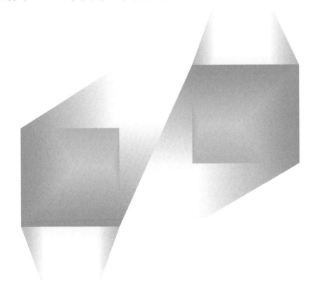

共立出版

はじめに

　科学・技術の分野で数学を活用するために，大学1年生で学ぶ線形代数学のテキストとして書かれた入門書である．

　本書はあとがきを除くと8章からなる．第4章までは「ベクトル・行列・行列式とその性質」がその内容である．第5章から第8章までは「ベクトル空間・行列の階数・連立方程式と消去法・線形写像・固有値と固有ベクトル」がその内容である．前期と後期に分けて本書を使用するときは前半の4章と後半の4章に分けることを想定している．問題の量はやや少なめになっている．講師の方にはレポート問題等，適宜補充してください．

　「あとがき」では本文の補足説明をし，次に問題の解答を載せた．補足説明には，実際の講義では時間や難度の点で取り扱うことが難しいと思われる部分を書いた．

　本書の執筆に際して多くの方々から貴重なご意見を賜った．お礼を申し上げます．
　最後に，本書の企画に寛大な理解を示してくださった共立出版と，編集業務を担当された同社の三浦拓馬氏にこころから感謝の意を表します．

2015年1月　　　　　　　　　　　　　　　　　　　　　　　　著者一同

目　次

はじめに　iii

第1章　ベクトル　　1
1.1　ベクトルの和 …………………………………………………… 1
1.2　ベクトルの内積 ………………………………………………… 5
1.3　空間における平面 ……………………………………………… 9
1.4　空間における直線 ……………………………………………… 13
1.5　ベクトルの外積 ………………………………………………… 15

第2章　行列　　19
2.1　行列の和と実数倍 ……………………………………………… 19
2.2　行列の積 ………………………………………………………… 20
2.3　対称行列・交代行列 …………………………………………… 25

第3章　行列式　　29
3.1　順列 ……………………………………………………………… 29
3.2　行列式 …………………………………………………………… 33
3.3　2次と3次の行列式 …………………………………………… 34

第4章　行列式の性質　　41
4.1　行列式と転置行列 ……………………………………………… 41
4.2　多重線形性・交代性 …………………………………………… 42

4.3　行列式と積 …………………………………………… 53
　4.4　行列式の展開 ………………………………………… 58
　4.5　余因子行列 …………………………………………… 63

第5章　数ベクトル空間　　67
　5.1　数ベクトル空間 ……………………………………… 67
　5.2　1次従属・1次独立 ………………………………… 69
　5.3　部分空間 ……………………………………………… 72

第6章　行列の階数　　75
　6.1　行列の階数 …………………………………………… 75
　6.2　消去法と逆行列 ……………………………………… 79

第7章　連立一次方程式　　83
　7.1　クラメルの公式 ……………………………………… 83
　7.2　消去法と連立1次方程式 …………………………… 87
　7.3　同次連立一次方程式 ………………………………… 93
　7.4　解と階数 ……………………………………………… 96

第8章　固有値と固有ベクトル　　99
　8.1　線形写像 ……………………………………………… 99
　8.2　固有値 ………………………………………………… 109
　8.3　固有ベクトル ………………………………………… 112
　8.4　行列の対角化 ………………………………………… 115

あとがき　　127

索　　引　　145

ギリシャ文字

アルファ	α	A
ベータ	β	B
ガンマ	γ	Γ
デルタ	δ	Δ
イプシロン	ε	E
ゼータ	ζ	Z
イータ	η	H
シータ	θ	Θ
イオタ	ι	I
カッパ	κ	K
ラムダ	λ	Λ
ミュー	μ	M

ニュー	ν	N
クシー	ξ	Ξ
オミクロン	o	O
パイ	π	Π
ロー	ρ	P
シグマ	σ	Σ
タウ	τ	T
ユプシロン	υ	Υ
ファイ	$\phi\,\varphi$	Φ
カイ	χ	X
プサイ	ψ	Ψ
オメガ	ω	Ω

第1章 ベクトル

1.1 ベクトルの和

平面または空間に 2 点 P,Q があるとき，線分 PQ に向きをつけて考えたものを有向線分といい $\overrightarrow{PQ}$ で表す．P を始点，Q を終点という．

線分 PQ の長さを，$\overrightarrow{PQ}$ の大きさまたは長さといい，$|\overrightarrow{PQ}|$ で表す．

有向線分をベクトルともいう．同じ向きで同じ大きさの有向線分は同じベクトルを表すものと定める．

ベクトルを 1 文字で表す場合，本書では $\boldsymbol{a}, \boldsymbol{b}$ のように太字の小文字で表すことが多い．大きさが 0 のベクトルを零ベクトルといい，$\boldsymbol{0}$ で表す．また大きさが 1 のベクトルを単位ベクトルという．

空間ベクトルを考える．xyz 空間の点 P に対し，ベクトル $\overrightarrow{OP}$ を点 P の位置ベクトルという．ベクトル $\boldsymbol{a}$ が与えられたとき，$\boldsymbol{a}$ を位置ベクトルとする点 $P(a_1, a_2, a_3)$ が定まる．a_1, a_2, a_3 をそれぞれ $\boldsymbol{a}$ の x 成分，y 成分，z 成分といい

$$\boldsymbol{a} = (a_1, a_2, a_3) \quad \text{あるいは} \quad \boldsymbol{a} = \begin{pmatrix} a_1 \\ a_2 \\ a_3 \end{pmatrix}$$

と表す．この表し方をベクトルの成分表示あるいは数ベクトル表示という．ベクトルの成分表示は左のように横に書く方法と，右のよ

うに縦に書く方法がある．本書では縦に書くことが多い．$\boldsymbol{a}$ の大きさは $\sqrt{a_1{}^2 + a_2{}^2 + a_3{}^2}$ となる．

例題 1.1 2点 $P(a_1, a_2, a_3)$, $Q(b_1, b_2, b_3)$ に対し $\overrightarrow{PQ}$ を数ベクトルで表せ．また $|\overrightarrow{PQ}|$ を求めよ．

[解答] $\overrightarrow{PQ}$ を位置ベクトルとする点の座標は $(b_1 - a_1, b_2 - a_2, b_3 - a_3)$ である．よって

$$\overrightarrow{PQ} = \begin{pmatrix} b_1 - a_1 \\ b_2 - a_2 \\ b_3 - a_3 \end{pmatrix}, \quad |\overrightarrow{PQ}| = \sqrt{(b_1 - a_1)^2 + (b_2 - a_2)^2 + (b_3 - a_3)^2}$$

となる．

二つのベクトル $\boldsymbol{a} = \begin{pmatrix} a_1 \\ a_2 \\ a_3 \end{pmatrix}, \boldsymbol{b} = \begin{pmatrix} b_1 \\ b_2 \\ b_3 \end{pmatrix}$ がある．このとき $\boldsymbol{a}$ と $\boldsymbol{b}$ の和 $\boldsymbol{a} + \boldsymbol{b}$ を次のように定める．

$$\boldsymbol{a} + \boldsymbol{b} = \begin{pmatrix} a_1 \\ a_2 \\ a_3 \end{pmatrix} + \begin{pmatrix} b_1 \\ b_2 \\ b_3 \end{pmatrix} = \begin{pmatrix} a_1 + b_1 \\ a_2 + b_2 \\ a_3 + b_3 \end{pmatrix}$$

図形的にいえば $\boldsymbol{a}$ と $\boldsymbol{b}$ を続けて書いたとき，すなわち

$$\boldsymbol{a} = \overrightarrow{AB}, \boldsymbol{b} = \overrightarrow{BC}$$

のように $\boldsymbol{a}$ の終点と $\boldsymbol{b}$ の始点を同じにしたとき

$$\boldsymbol{a} + \boldsymbol{b} = \overrightarrow{AC}$$

となる．

あるいは

$$a = \overrightarrow{AB}, b = \overrightarrow{AC}$$

のように a の始点と b の始点を同じにしたとき

$$a + b = \overrightarrow{AD}$$

となる．ただし点 D は AB，AC を 2 辺とする平行四辺形の A と向かい合う頂点である．

ベクトル a と実数 k がある．k が正のとき a と同じ向きでその長さを k 倍にしたものを ka と表し a の k 倍という．$k = 0$ のときは $ka = 0$ とし，$k < 0$ のときは a と逆向きでその長さを $|k|$ 倍にしたものを ka とする．$(-1)a$ を $-a$ と書き a の逆ベクトルという．また $a + (-b)$ を $a - b$ と書く．

例 1.2 2 つの 0 でないベクトル a, b がある．次が成り立つ．
(1) a, b は同じ向き $\iff a = cb$ となる正の数 c が存在する．
(2) a, b は平行 $\iff a = cb$ となる 0 でない数 c が存在する．

次の三つのベクトルを（空間の）**基本ベクトル**という．

$$e_1 = \begin{pmatrix} 1 \\ 0 \\ 0 \end{pmatrix}, e_2 = \begin{pmatrix} 0 \\ 1 \\ 0 \end{pmatrix}, e_3 = \begin{pmatrix} 0 \\ 0 \\ 1 \end{pmatrix}$$

基本ベクトル e_1, e_2, e_3 は，それぞれ x 軸，y 軸，z 軸の正の方向に向かう単位ベクトルである．ベクトル $a = \begin{pmatrix} a_1 \\ a_2 \\ a_3 \end{pmatrix}$ が与えら

れたとき，a は基本ベクトルを用いて

$$a = a_1 e_1 + a_2 e_2 + a_3 e_3$$

と表すことができる．これを a の**基本ベクトル表示**という．

以上，空間ベクトルの場合に，ベクトルの成分・和・実数倍などを定義したが，平面ベクトルの場合も同様に定義される．たとえば平面の基本ベクトルとは，つぎの二つのベクトル e_1, e_2 である．

$$e_1 = \begin{pmatrix} 1 \\ 0 \end{pmatrix}, \quad e_2 = \begin{pmatrix} 0 \\ 1 \end{pmatrix}$$

問題 1.3 平面で次のベクトルを図示せよ．ただし始点は原点とせよ．

$$a = \begin{pmatrix} -1 \\ 2 \end{pmatrix}, \quad b = \begin{pmatrix} 3 \\ 1 \end{pmatrix}$$

問題 1.4 空間の 2 点 A,B について，ベクトル $\overrightarrow{AB}$ の数ベクトル表示，基本ベクトル表示を求めよ．また $|\overrightarrow{AB}|$ を求めよ．
(1) A$(1,-1,2)$, B$(-2,3,1)$ (2) A$(0,1,3)$, B$(-7,1,0)$

問題 1.5 平面の点 X の位置ベクトル x が条件 $|x|=1$ をみたす．X はどのような図形上にあるか．

問題 1.6

(1) ベクトル $\begin{pmatrix} 3 \\ 4 \end{pmatrix}$ と同じ向きの単位ベクトルを求めよ．

(2) ベクトル $\begin{pmatrix} 4 \\ -3 \end{pmatrix}$ と平行な単位ベクトルを求めよ．

1.2 ベクトルの内積

零ベクトルでない二つのベクトル $\boldsymbol{a}, \boldsymbol{b}$ がある．$\boldsymbol{a}, \boldsymbol{b}$ を原点を始点とする有向線分 $\overrightarrow{\mathrm{OA}}, \overrightarrow{\mathrm{OB}}$ で表したとき，この 2 つの有向線分で定まる 180°以下の角を $\overrightarrow{\mathrm{OA}}, \overrightarrow{\mathrm{OB}}$ の**なす角**という．

1 点で交わる 2 つの直線がある．この 2 つの直線で定まる 90°以下の角を **2 直線のなす角**という．

半径 1 の扇形がある．その弧の長さで中心角の大きさを定める方法を**弧度法**という．単位は**ラジアン**という．半径 1 で中心角が直角の扇形の弧の長さは $\dfrac{\pi}{2}$ なので，
$$\frac{\pi}{2} \text{ラジアン} = 90°$$
である．単位のラジアンは省略されることが多い．

定義 1.7 内積の定義

零ベクトルでない 2 つのベクトル $\boldsymbol{a}, \boldsymbol{b}$ のなす角を θ とする．このとき $|\boldsymbol{a}||\boldsymbol{b}|\cos\theta$ を $\boldsymbol{a}$ と $\boldsymbol{b}$ の**内積**といい，$\boldsymbol{a}\cdot\boldsymbol{b}$ で表す．

$$\boldsymbol{a}\cdot\boldsymbol{b} = |\boldsymbol{a}||\boldsymbol{b}|\cos\theta$$

$\boldsymbol{a}$ または $\boldsymbol{b}$ が零ベクトルのときは $\boldsymbol{a}\cdot\boldsymbol{b} = 0$ と定める．

■ 余弦定理

△ABC において

$$a^2 = b^2 + c^2 - 2bc\cos A, \ \cos A = \frac{b^2 + c^2 - a^2}{2bc}$$

を余弦定理という．

定理 1.8

空間に二つのベクトル $\boldsymbol{a}, \boldsymbol{b}$ がある．$\boldsymbol{a}, \boldsymbol{b}$ を位置ベクトルとする点を A,B とする．すなわち $\overrightarrow{OA} = \boldsymbol{a}, \overrightarrow{OB} = \boldsymbol{b}$ となるように A,B を定める．いま

$$\overrightarrow{OA} = \boldsymbol{a} = \begin{pmatrix} a_1 \\ a_2 \\ a_3 \end{pmatrix}, \ \overrightarrow{OB} = \boldsymbol{b} = \begin{pmatrix} b_1 \\ b_2 \\ b_3 \end{pmatrix}$$

とすると

$$\boldsymbol{a} \cdot \boldsymbol{b} = a_1 b_1 + a_2 b_2 + a_3 b_3$$

である．

【証明】

$$\overrightarrow{AB} = \boldsymbol{b} - \boldsymbol{a} = \begin{pmatrix} b_1 - a_1 \\ b_2 - a_2 \\ b_3 - a_3 \end{pmatrix}$$

である．O,A,B が 1 直線上にないとき，△OAB で余弦定理を適用すると

$$a \cdot b = |a||b|\cos\theta = |a||b|\frac{|a|^2 + |b|^2 - |b-a|^2}{2|a||b|}$$
$$= \frac{1}{2}\{|a|^2 + |b|^2 - |b-a|^2\}$$
$$= \frac{1}{2}\{a_1{}^2 + a_2{}^2 + a_3{}^2 + b_1{}^2 + b_2{}^2 + b_3{}^2$$
$$-(b_1-a_1)^2 - (b_2-a_2)^2 - (b_3-a_3)^2\}$$
$$= a_1 b_1 + a_2 b_2 + a_3 b_3$$

となり主張が成立する．O,A,B が 1 直線上にあるとき，すなわち a または b が 0 のときや，a と b が平行になっているときの証明は容易である．

□

定理 1.9

2次元ベクトルの場合も同様の公式が成立する．すなわち

$$\overrightarrow{\mathrm{OA}} = a = \begin{pmatrix} a_1 \\ a_2 \end{pmatrix}, \ \overrightarrow{\mathrm{OB}} = b = \begin{pmatrix} b_1 \\ b_2 \end{pmatrix}$$

とすると

$$a \cdot b = a_1 b_1 + a_2 b_2$$

である（証明は空間の場合と同様である）．

■ 内積の基本性質

a, a_1, a_2, b をベクトル，c を数とするとき

(1) $a \cdot b = b \cdot a$

(2) $(a_1 + a_2) \cdot b = a_1 \cdot b + a_2 \cdot b$

(3) $(ca) \cdot b = a \cdot (cb) = c(a \cdot b)$

(4) $a \cdot a = |a|^2 \geqq 0$

これらの基本性質は定理 1.8, 定理 1.9 を使えば確かめることは容易である．

命題 1.10　平行四辺形の面積
平面に $\boldsymbol{0}$ でない二つのベクトル $\boldsymbol{a} = \begin{pmatrix} x_1 \\ y_1 \end{pmatrix}$, $\boldsymbol{b} = \begin{pmatrix} x_2 \\ y_2 \end{pmatrix}$ がある．$\boldsymbol{a}, \boldsymbol{b}$ を二辺とする平行四辺形の面積を S とすると（$\boldsymbol{a}, \boldsymbol{b}$ が平行なときは $S = 0$ と考える），
$$S^2 = |\boldsymbol{a}|^2|\boldsymbol{b}|^2 - (\boldsymbol{a} \cdot \boldsymbol{b})^2 = (x_1 y_2 - x_2 y_1)^2$$
よって
$$S = |x_1 y_2 - x_2 y_1|$$
である．

【証明】 $\boldsymbol{a}$ と $\boldsymbol{b}$ のなす角を θ とする．$S = |\boldsymbol{a}||\boldsymbol{b}| \sin \theta$ より
$$\begin{aligned} S^2 &= |\boldsymbol{a}|^2|\boldsymbol{b}|^2 \sin^2 \theta \\ &= |\boldsymbol{a}|^2|\boldsymbol{b}|^2 (1 - \cos^2 \theta) \\ &= |\boldsymbol{a}|^2|\boldsymbol{b}|^2 - (\boldsymbol{a} \cdot \boldsymbol{b})^2 \\ &= (x_1{}^2 + y_1{}^2)(x_2{}^2 + y_2{}^2) - (x_1 x_2 + y_1 y_2)^2 \\ &= x_1{}^2 y_2{}^2 + x_2{}^2 y_1{}^2 - 2 x_1 x_2 y_1 y_2 \\ &= (x_1 y_2 - x_2 y_1)^2 \end{aligned}$$
□

注意：上の証明より，空間ベクトルの場合も同様に，$S^2 = |\boldsymbol{a}|^2|\boldsymbol{b}|^2 - (\boldsymbol{a} \cdot \boldsymbol{b})^2$ となることがわかる．

問題 1.11 2つのベクトル $\boldsymbol{a} = \begin{pmatrix} -1 \\ 3 \end{pmatrix}$, $\boldsymbol{b} = \begin{pmatrix} 4 \\ -1 \end{pmatrix}$ のなす

角を θ とする．次を求めよ．
(1) $\boldsymbol{a}\cdot\boldsymbol{b}$ (2) $|\boldsymbol{a}|, |\boldsymbol{b}|$ (3) $\cos\theta$
(4) $\boldsymbol{a}$ と $\boldsymbol{b}$ を二辺とする平行四辺形の面積．

問題 1.12 二つのベクトル $\boldsymbol{a} = \begin{pmatrix} 1 \\ -2 \\ 2 \end{pmatrix}, \boldsymbol{b} = \begin{pmatrix} -2 \\ 1 \\ 1 \end{pmatrix}$ のなす角を θ とする．次を求めよ．
(1) $\boldsymbol{a}\cdot\boldsymbol{b}$ (2) $|\boldsymbol{a}|, |\boldsymbol{b}|$ (3) $\cos\theta$
(4) $\boldsymbol{a}$ と $\boldsymbol{b}$ を二辺とする平行四辺形の面積．
ヒント：(4) 空間ベクトルの場合の公式 $S^2 = |\boldsymbol{a}|^2|\boldsymbol{b}|^2 - (\boldsymbol{a}\cdot\boldsymbol{b})^2$ を利用するかあるいは $\sin\theta$ を求める．

問題 1.13 ベクトル $\boldsymbol{a}, \boldsymbol{b}$ について，$|\boldsymbol{a}|=3, |\boldsymbol{b}|=2, |\boldsymbol{a}-2\boldsymbol{b}|=4$ とする．
(1) $\boldsymbol{a}, \boldsymbol{b}$ のなす角を θ とするとき，$\cos\theta$ の値を求めよ．
(2) $\boldsymbol{a}+t\boldsymbol{b}$ と $\boldsymbol{a}-\boldsymbol{b}$ が垂直になるように，実数 t の値を定めよ．
ヒント：$|\boldsymbol{a}-2\boldsymbol{b}|^2 = (\boldsymbol{a}-2\boldsymbol{b})\cdot(\boldsymbol{a}-2\boldsymbol{b})$ を利用してまずは内積 $\boldsymbol{a}\cdot\boldsymbol{b}$ を求めよ．

1.3 空間における平面

xyz 空間に平面 α がある．α に垂直なベクトルを α の法線ベクトルという．法線ベクトルを c 倍 (ただし $c\neq 0$) してもまた法線ベクトルである．

α 上に定点 P_0 をとり，その位置ベクトルを $\boldsymbol{x}_0$ とする．また P を α 上の任意の点とし，その位置ベクトルを $\boldsymbol{x}$ とする．α の法線ベクトルを $\boldsymbol{a}$ とおくと，$\overrightarrow{\mathrm{P}_0\mathrm{P}} = \boldsymbol{x}-\boldsymbol{x}_0$ と $\boldsymbol{a}$ は直交するので，その内積は 0 である．すなわち

$$(\bm{x} - \bm{x}_0) \cdot \bm{a} = 0$$

である．これを平面 α のベクトル方程式という．

定点 P_0 および動点 P の座標をそれぞれ $P_0(x_0, y_0, z_0)$, $P(x, y, z)$ とおく．α の法線ベクトルを

$$\bm{a} = \begin{pmatrix} a \\ b \\ c \end{pmatrix}$$

とおく．

$$\overrightarrow{P_0P} = \bm{x} - \bm{x}_0 = \begin{pmatrix} x - x_0 \\ y - y_0 \\ z - z_0 \end{pmatrix}$$

より平面のベクトル方程式 $(\bm{x} - \bm{x}_0) \cdot \bm{a} = 0$ は

$$a(x - x_0) + b(y - y_0) + c(z - z_0) = 0$$

となる．これが平面 α の方程式である．これを変形して

$$ax + by + cz + d = 0 \tag{1.1}$$

の形にすることもある．

問題 1.14 点 $(1, 1, 2)$ を通り，法線ベクトルが

$$\bm{a} = \begin{pmatrix} 1 \\ 2 \\ 3 \end{pmatrix}$$

である平面の方程式を式 (1.1) の形で表せ．

命題 1.15　原点と平面との距離

原点と平面 $ax+by+cz+d=0$ との距離は

$$\frac{|d|}{\sqrt{a^2+b^2+c^2}}$$

である．

【証明】 原点から平面に下ろした垂線を OH とする．$\overrightarrow{\mathrm{OH}}$ と法線ベクトル (a,b,c) は平行なので，H の座標は

$$t(a,b,c) = (ta, tb, tc)$$

と置くことが出来る．OH の長さは

$$\sqrt{(ta)^2 + (tb)^2 + (tc)^2} = |t|\sqrt{a^2+b^2+c^2}$$

である．H は平面上の点なので，その座標は平面の方程式を満足する．すなわち

$$ta^2 + tb^2 + tc^2 + d = 0$$

となる．よって

$$t(a^2+b^2+c^2) = -d$$

両辺の絶対値をとると

$$|t|(a^2+b^2+c^2) = |d|$$

両辺を $\sqrt{a^2+b^2+c^2}$ で割ると

$$\mathrm{OH} = |t|\sqrt{a^2+b^2+c^2} = \frac{|d|}{\sqrt{a^2+b^2+c^2}}$$

となる．これが垂線の長さ，すなわち原点と平面との距離である．　□

命題 1.16　点と平面との距離

$P_1(x_1, y_1, z_1)$ と平面 $ax + by + cz + d = 0$ との距離は

$$\frac{|ax_1 + by_1 + cz_1 + d|}{\sqrt{a^2 + b^2 + c^2}}$$

である．

【証明】　点 P_1 を原点に移す空間の平行移動を考える．これは x 軸方向に $-x_1$，y 軸方向に $-y_1$，z 軸方向に $-z_1$ 移動するので，移った平面 β の方程式は

$$a(x + x_1) + b(y + y_1) + c(z + z_1) + d = 0$$

である．変形すると

$$ax + by + cz + (ax_1 + by_1 + cz_1 + d) = 0$$

となるが，原点とこの平面 β との距離が求めるものである．よってその距離は命題 1.15 より

$$\frac{|ax_1 + by_1 + cz_1 + d|}{\sqrt{a^2 + b^2 + c^2}}$$

となる．　□

問題 1.17　原点 O からの距離が 1 で，法線ベクトルが $\begin{pmatrix} 2 \\ 1 \\ -1 \end{pmatrix}$ である平面の方程式を求めよ．

問題 1.18　平面 $2x - y - z + 1 = 0$ について次のものを求めよ．
(1) 単位法線ベクトル　　(2) 原点との距離
(3) 点 $(-1, 1, 2)$ との距離

1.4 空間における直線

空間に直線 l がある. $\boldsymbol{0}$ でないベクトル $\boldsymbol{a}$ が l に平行なとき, $\boldsymbol{a}$ を l の方向ベクトルという. l の方向ベクトルに 0 でない数を掛けても, また, l の方向ベクトルである.

空間の 1 点 P_0 を通り, $\boldsymbol{a}$ を方向ベクトルとする直線 l がある. l 上の任意の点を P とする. 2 点 P_0, P の位置ベクトルをそれぞれ $\boldsymbol{x}_0$, $\boldsymbol{x}$ とする. $\overrightarrow{P_0P}$ は $\boldsymbol{a}$ と平行なので, $\overrightarrow{P_0P} = t\boldsymbol{a}$ となる実数 t が存在する. よって

$$\overrightarrow{OP} = \overrightarrow{OP_0} + t\boldsymbol{a} \quad \text{すなわち} \quad \boldsymbol{x} = \boldsymbol{x}_0 + t\boldsymbol{a}$$

となる. これを直線 l のベクトル方程式という. 定点 P_0 および動点 P の座標をそれぞれ $P_0(x_0, y_0, z_0)$, $P(x, y, z)$ とおくと

$$\boldsymbol{x}_0 = \begin{pmatrix} x_0 \\ y_0 \\ z_0 \end{pmatrix}, \quad \boldsymbol{x} = \begin{pmatrix} x \\ y \\ z \end{pmatrix}$$

となる. いま直線の方向ベクトルを $\boldsymbol{a} = \begin{pmatrix} a \\ b \\ c \end{pmatrix}$ とすれば直線の方程式は

$$\begin{pmatrix} x \\ y \\ z \end{pmatrix} = \begin{pmatrix} x_0 \\ y_0 \\ z_0 \end{pmatrix} + t \begin{pmatrix} a \\ b \\ c \end{pmatrix}$$

となる.

直線の方程式をベクトルの形ではなく, 三つの式に分けて書くと

$$\begin{cases} x = x_0 + at \\ y = y_0 + bt \\ z = z_0 + ct \end{cases} \tag{1.2}$$

となる．a, b, c が 0 でないときは，この式から t を消去して

$$\frac{x - x_0}{a} = \frac{y - y_0}{b} = \frac{z - z_0}{c} \tag{1.3}$$

となる．

直線の方向ベクトルの成分 a, b, c の中に 0 があるときは，直線の方程式は次の例のようになる．

例 1.19 例えば $a \neq 0, b \neq 0, c = 0$ のとき．直線の方程式は

$$\frac{x - x_0}{a} = \frac{y - y_0}{b}, \ z = z_0$$

となる．これは xy 平面に平行な直線である．

例 1.20 例えば $a \neq 0, b = 0, c = 0$ のとき．直線の方程式は

$$y = y_0, \ z = z_0$$

となる．これは x 軸に平行な直線である．

問題 1.21 点 $(-2, 1, 3)$ を通る，次の直線の方程式を求めよ．
(1) 方向ベクトルが $(1, 2, -2)$ である直線
(2) x 軸と平行な直線
(3) xy 平面の直線 $y = 4x$ と平行な直線

問題 1.22 次の 2 点 P_1, P_2 を通る直線の方程式を求めよ．
(1) $P_1(1,1,0), P_2(-2,0,1)$
(2) $P_1(1,4,7), P_2(5,6,-1)$

1.5 ベクトルの外積

■ 平行四辺形の面積

空間に $\mathbf{0}$ でない二つのベクトル $\boldsymbol{a} = \begin{pmatrix} x_1 \\ y_1 \\ z_1 \end{pmatrix}, \boldsymbol{b} = \begin{pmatrix} x_2 \\ y_2 \\ z_2 \end{pmatrix}$ がある．$\boldsymbol{a}, \boldsymbol{b}$ で張られる平行四辺形の面積を S とする．$\boldsymbol{a}$ と $\boldsymbol{b}$ のなす角を θ とすれば命題 1.10 と同様の計算で

$$\begin{aligned}
S^2 &= |\boldsymbol{a}|^2 |\boldsymbol{b}|^2 - (\boldsymbol{a} \cdot \boldsymbol{b})^2 \\
&= (x_1{}^2 + y_1{}^2 + z_1{}^2)(x_2{}^2 + y_2{}^2 + z_2{}^2) - (x_1 x_2 + y_1 y_2 + z_1 z_2)^2 \\
&= (x_1{}^2 y_2{}^2 + x_2{}^2 y_1{}^2 - 2 x_1 x_2 y_1 y_2) \\
&\quad + (x_1{}^2 z_2{}^2 + x_2{}^2 z_1{}^2 - 2 x_1 x_2 z_1 z_2) + (y_1{}^2 z_2{}^2 + y_2{}^2 z_1{}^2 - 2 y_1 y_2 z_1 z_2) \\
&= (x_1 y_2 - x_2 y_1)^2 + (x_1 z_2 - x_2 z_1)^2 + (y_1 z_2 - y_2 z_1)^2
\end{aligned}$$

となる．いま

$$\begin{vmatrix} a & b \\ c & d \end{vmatrix} = ad - bc$$

と定める．これは後の章で出てくる行列式の記号である．
この記号を使えば S^2 は次のように書くことができる．

$$S^2 = \begin{vmatrix} y_1 & y_2 \\ z_1 & z_2 \end{vmatrix}^2 + \begin{vmatrix} x_1 & x_2 \\ z_1 & z_2 \end{vmatrix}^2 + \begin{vmatrix} x_1 & x_2 \\ y_1 & y_2 \end{vmatrix}^2$$

> **定義 1.23　3次元ベクトルの外積**
> 空間の二つのベクトル $\boldsymbol{a} = \begin{pmatrix} x_1 \\ y_1 \\ z_1 \end{pmatrix}$, $\boldsymbol{b} = \begin{pmatrix} x_2 \\ y_2 \\ z_2 \end{pmatrix}$ に対し,その外積 $\boldsymbol{a} \times \boldsymbol{b}$ を次のように定める.
>
> $$\boldsymbol{a} \times \boldsymbol{b} = \begin{pmatrix} \begin{vmatrix} y_1 & y_2 \\ z_1 & z_2 \end{vmatrix} \\ \\ -\begin{vmatrix} x_1 & x_2 \\ z_1 & z_2 \end{vmatrix} \\ \\ \begin{vmatrix} x_1 & x_2 \\ y_1 & y_2 \end{vmatrix} \end{pmatrix}$$

命題 1.24　$\boldsymbol{a}, \boldsymbol{b}$ で張られる平行四辺形の面積は外積 $\boldsymbol{a} \times \boldsymbol{b}$ の大きさと一致する.

【証明】　前頁「平行四辺形の面積」の所ですでに示している.　　□

命題 1.25　外積 $\boldsymbol{a} \times \boldsymbol{b}$ は $\boldsymbol{a}$ にも $\boldsymbol{b}$ にも直交している.

【証明】　二つの内積 $\boldsymbol{a} \cdot (\boldsymbol{a} \times \boldsymbol{b})$ と $\boldsymbol{b} \cdot (\boldsymbol{a} \times \boldsymbol{b})$ が 0 になることを直接の計算で確かめればよい.計算の部分は省略する.　　□

外積 $\boldsymbol{a} \times \boldsymbol{b}$ はその大きさが決まり，さらに $\boldsymbol{a}$ と $\boldsymbol{b}$ で定まる平面に直交していることがわかった．あとはその「向き」であるが，つぎの命題が成立することが知られている．

命題 1.26 $\boldsymbol{a}$ と $\boldsymbol{b}$ で定まる平面を α とおく．$\boldsymbol{a}$ から $\boldsymbol{b}$ の方に α を回したとき，右ねじの進む方向が外積 $\boldsymbol{a} \times \boldsymbol{b}$ の方向である．

例題 1.27

(1) $\boldsymbol{a} = \begin{pmatrix} x_1 \\ 0 \\ 0 \end{pmatrix}$, $\boldsymbol{b} = \begin{pmatrix} x_2 \\ y_2 \\ 0 \end{pmatrix}$ とする．外積 $\boldsymbol{a} \times \boldsymbol{b}$ を計算せよ．

(2) $x_1 > 0, y_2 > 0$ のとき命題 1.26 が成り立っていることを確認せよ．

[解答] (1) $\boldsymbol{a} \times \boldsymbol{b} = \begin{pmatrix} 0 \\ 0 \\ x_1 y_2 \end{pmatrix}$

(2) $\boldsymbol{a} = \overrightarrow{OA}$, $\boldsymbol{b} = \overrightarrow{OB}$ とおく．A, B は xy 平面上にあり，A は x 軸の正のところにある．また B は x 軸より上の部分 (y 座標が正の部分) にある．したがって右ねじの進む方向は z 軸の正の方向であるが，$x_1 y_2 > 0$ に注意すると，確かに命題 1.26 が成立している．

■ **外積の基本性質**

$\boldsymbol{a}, \boldsymbol{a}_1, \boldsymbol{a}_2, \boldsymbol{b}, \boldsymbol{b}_1, \boldsymbol{b}_2$ をベクトル，c を数とするとき

(1) $\boldsymbol{a} \times \boldsymbol{b} = -(\boldsymbol{b} \times \boldsymbol{a})$, $\boldsymbol{a} \times \boldsymbol{a} = \boldsymbol{0}$

(2) $(\boldsymbol{a}_1 + \boldsymbol{a}_2) \times \boldsymbol{b} = \boldsymbol{a}_1 \times \boldsymbol{b} + \boldsymbol{a}_2 \times \boldsymbol{b}$

(3) $\boldsymbol{a} \times (\boldsymbol{b}_1 + \boldsymbol{b}_2) = \boldsymbol{a} \times \boldsymbol{b}_1 + \boldsymbol{a} \times \boldsymbol{b}_2$

(4) $c(\boldsymbol{a} \times \boldsymbol{b}) = (c\boldsymbol{a}) \times \boldsymbol{b} = \boldsymbol{a} \times (c\boldsymbol{b})$

これらの基本性質は定義より確かめることができる．

問題 1.28 ベクトル $\boldsymbol{a} = \begin{pmatrix} 2 \\ -2 \\ 1 \end{pmatrix}$, $\boldsymbol{b} = \begin{pmatrix} -1 \\ 3 \\ 2 \end{pmatrix}$ について，外積 $\boldsymbol{a} \times \boldsymbol{b}$ と $\boldsymbol{a}, \boldsymbol{b}$ を二辺とする平行四辺形の面積を求めよ．

問題 1.29 ベクトル $\boldsymbol{a} = \begin{pmatrix} 1 \\ -1 \\ 2 \end{pmatrix}$, $\boldsymbol{b} = \begin{pmatrix} 2 \\ 0 \\ 3 \end{pmatrix}$ について，外積 $\boldsymbol{a} \times \boldsymbol{b}$ と $\boldsymbol{a}, \boldsymbol{b}$ を二辺とする平行四辺形の面積を求めよ．

第 2 章 行列

2.1 行列の和と実数倍

　数を縦と横に長方形の形にならべてカッコでかこんだものを行列という．ならべた各数を，その行列の成分という．行列において，成分の横のならびを行，縦のならびを列という．行は上から順に第 1 行，第 2 行，$\cdots$ といい，列は左から順に第 1 列，第 2 列，$\cdots$ という．第 i 行と第 j 列の交点にある成分を (i,j) 成分という．本書では特に断らない限り行列の成分は実数とする．

　行の数が m 個，列の数が n 個の行列を「(m,n) 形の行列」または「$m \times n$ 行列」という．行列は通常アルファベットの大文字で表される．(m,n) 形の行列 A の (i,j) 成分を a_{ij} と書くと

$$A = \begin{pmatrix} a_{11} & a_{12} & \cdots & a_{1n} \\ a_{21} & a_{22} & \cdots & a_{2n} \\ \vdots & \vdots & \ddots & \vdots \\ a_{m1} & a_{m2} & \cdots & a_{mn} \end{pmatrix}$$

となる．簡単に $A = (a_{ij})$ と書くこともある．

　問題 2.1　4×4 行列 $A = (a_{ij})$ において (i,j) 成分 a_{ij} が次の式で与えられている．A を書け．
(1) $a_{ij} = (-1)^{i+j}$　　(2) $a_{ij} = |i - j|$

　形が同じ二つの行列の和を，対応する成分ごとの和として定義

する．なお形が違う2つの行列の和は定義されない．また行列の k 倍をすべての成分を k 倍することと定義する．次に例として 2×2 行列の和と k 倍を書いている．

$$\begin{pmatrix} a & b \\ c & d \end{pmatrix} + \begin{pmatrix} a' & b' \\ c' & d' \end{pmatrix} = \begin{pmatrix} a+a' & b+b' \\ c+c' & d+d' \end{pmatrix}$$

$$k \begin{pmatrix} a & b \\ c & d \end{pmatrix} = \begin{pmatrix} ka & kb \\ kc & kd \end{pmatrix}$$

問題 2.2 $A = \begin{pmatrix} 2 & 1 \\ -3 & 4 \end{pmatrix}, B = \begin{pmatrix} 4 & 3 \\ 1 & -5 \end{pmatrix}, C = \begin{pmatrix} 1 & 5 \\ -2 & 1 \\ 3 & 2 \end{pmatrix},$

$$D = \begin{pmatrix} 4 & -3 & 2 \\ 1 & 6 & 5 \end{pmatrix}$$

とおく．次の行列の計算が定義されるかどうか判定せよ．定義されるものについては計算せよ．

(1) $A+B$ (2) $A+C$ (3) $3A-2D$
(4) $B-2A$ (5) $-2D$ (6) $C-2D$

2.2 行列の積

$m \times n$ 行列 $A = (a_{ij})$ と $n \times p$ 行列 $B = (b_{ij})$ の積 AB を次のように定義する．すなわち $AB = C$ とおくとき C は $m \times p$ 行列で，C の (i,j) 成分 c_{ij} は

$$c_{ij} = a_{i1}b_{1j} + a_{i2}b_{2j} + \cdots + a_{in}b_{nj} = \sum_{k=1}^{n} a_{ik}b_{kj}$$

で定める．A の列の数と B の行の数が一致しなければ，積 AB は定義されない．

例 2.3
$$\begin{pmatrix} a & b \\ c & d \end{pmatrix} \begin{pmatrix} a' & b' \\ c' & d' \end{pmatrix} = \begin{pmatrix} aa'+bc' & ab'+bd' \\ ca'+dc' & cb'+dd' \end{pmatrix}$$

$$\begin{pmatrix} a & b \\ c & d \end{pmatrix} \begin{pmatrix} x_1 \\ x_2 \end{pmatrix} = \begin{pmatrix} ax_1+bx_2 \\ cx_1+dx_2 \end{pmatrix}$$

$$(y_1 \ \ y_2) \begin{pmatrix} a & b \\ c & d \end{pmatrix} = (y_1 a + y_2 c \ \ y_1 b + y_2 d)$$

$$(a \ b) \begin{pmatrix} c \\ d \end{pmatrix} = ac + bd$$

最後の例のように 1×1 行列は数とみなしてカッコを書かないことが多い．

命題 2.4 次のように結合法則，分配法則が成立する．
$$k(AB) = (kA)B = A(kB)$$
$$A(BC) = (AB)C \qquad \text{（結合法則）}$$
$$A(B+C) = AB + AC \qquad \text{（分配法則）}$$
$$(A+B)C = AC + BC \qquad \text{（分配法則）}$$
これらの式は両辺が定義されるときに成り立つ．

【証明】 ここで行列 A の (i,j) 成分を表す記号 $[A]_{ij}$ を導入する．たとえば行列 BC の (i,j) 成分は $[BC]_{ij}$ である．

結合法則 $A(BC) = (AB)C$ の証明を行う．他の証明は省略する．
A を $m \times n$ 行列，B を $n \times p$ 行列，C を $p \times q$ 行列とする．
AB は $m \times p$ 行列，BC は $n \times q$ 行列である．BC の (k, j) 成分は

$$[BC]_{kj} = \sum_{s=1}^{p} [B]_{ks}[C]_{sj}$$

である．よって $A(BC)$ の (i, j) 成分は

$$\begin{aligned}
[A(BC)]_{ij} &= \sum_{k=1}^{n} [A]_{ik}[BC]_{kj} \\
&= \sum_{k=1}^{n} [A]_{ik} \left(\sum_{s=1}^{p} [B]_{ks}[C]_{sj} \right) \\
&= \sum_{k=1}^{n} \sum_{s=1}^{p} ([A]_{ik}[B]_{ks}[C]_{sj})
\end{aligned}$$

$[(AB)C]_{ij}$ も同じ式になる．よって結合法則が成立する． □

問題 2.5

$$A = \begin{pmatrix} 1 & -2 \\ 2 & 3 \end{pmatrix}, B = \begin{pmatrix} 1 & 5 \\ -2 & 3 \\ 4 & -1 \end{pmatrix}, C = \begin{pmatrix} 2 & -1 & 3 \\ 5 & 4 & -4 \end{pmatrix}$$

とおく．次の行列の計算が定義されるかどうか判定せよ．定義されるものについては計算せよ．

(1) AB　　(2) B^2　　(3) AC
(4) CA　　(5) BC　　(6) CB
(7) $C^2 - A^2$　　(8) $A(B + C)$

成分がすべて 0 である行列を零行列といい，O で表す．

行の数と列の数が同じ行列を**正方行列**という．正方行列の行と列の個数の n を強調したいとき n 次正方行列という．n 次正方行列 $A = (a_{ij})$ において $a_{ii}, 1 \leq i \leq n$ を A の**対角成分**という．対角成分以外の成分がすべて 0 である正方行列を**対角行列**，n を強調したいとき n 次対角行列という．

次の形をした行列が n 次対角行列である．

$$\begin{pmatrix} a_{11} & 0 & \cdots & 0 \\ 0 & a_{22} & \cdots & 0 \\ \vdots & \vdots & \ddots & \vdots \\ 0 & 0 & \cdots & a_{nn} \end{pmatrix}$$

対角成分がすべて 1 である対角行列を**単位行列**といい，E で表される．次の形をした行列 E が単位行列である．

$$E = \begin{pmatrix} 1 & 0 & \cdots & 0 \\ 0 & 1 & \cdots & 0 \\ \vdots & \vdots & \ddots & \vdots \\ 0 & 0 & \cdots & 1 \end{pmatrix}$$

n 次の単位行列 E は次数の n を強調したいとき E_n と書くこともある．A が $m \times n$ 行列であるとき

$$E_m A = A,\ A E_n = A$$

となる．

問題 2.6 つぎの行列を書け
(1) 2×3 の零行列 O (2) E_2 (3) E_3

n 次正方行列 A, X がある．

$$AX = E, \ XA = E$$

となるとき X を A の逆行列という．A の逆行列は存在しない場合もあるが，存在すればそれはただ一つである．実際 X, Y を A の逆行列とするとき

$$X = XE = X(AY) = (XA)Y = EY = Y$$

となり $X = Y$ が導かれる．A の逆行列は A^{-1} と書く．逆行列をもつ行列を**正則行列**という．

定理 2.7

2 次正方行列 $A = \begin{pmatrix} a & b \\ c & d \end{pmatrix}$ がある．$ad - bc \neq 0$ のとき A は正則であり

$$A^{-1} = \frac{1}{ad - bc} \begin{pmatrix} d & -b \\ -c & a \end{pmatrix}$$

となる．

【証明】 $X = \dfrac{1}{ad - bc} \begin{pmatrix} d & -b \\ -c & a \end{pmatrix}$ とおくと，$AX = XA = E$ となることは実際に計算して確かめることができる． □

「$ad - bc \neq 0$ ならば A は正則である」ことが示されたわけだが，逆の「A は正則ならば $ad - bc \neq 0$ である」も成立する．これにつ

いては行列式の章で解説する．

命題 2.8 逆行列の基本性質
A, B が正則ならば A^{-1}, AB も正則で次が成立する．
(1) $(A^{-1})^{-1} = A$
(2) $(AB)^{-1} = B^{-1}A^{-1}$

【証明】 (1) は $AA^{-1} = A^{-1}A = E$ より明らかである．
(2)$(AB)(B^{-1}A^{-1}) = A(BB^{-1})A^{-1} = AA^{-1} = E$ である．同様に $(B^{-1}A^{-1})(AB) = E$ となるので (2) の主張が成立する． □

2.3　対称行列・交代行列

定義 2.9 転置行列
$m \times n$ 行列 $A = (a_{ij})$ がある．$n \times m$ 行列の (i, j) 成分が a_{ji} である行列を A の転置行列といい，${}^t\!A$ で表す．

例えば行列 $A = \begin{pmatrix} a & b \\ c & d \\ e & f \end{pmatrix}$ の転置行列は ${}^t\!A = \begin{pmatrix} a & c & e \\ b & d & f \end{pmatrix}$ である．
このように A の第 i 列が ${}^t\!A$ の第 i 行となる．

命題 2.10 転置行列の基本性質
A, B は行列，c は実数とする．次が成立する．
(1) ${}^t({}^t\!A) = A$
(2) ${}^t(cA) = c\,{}^t\!A$
(3) ${}^t(A + B) = {}^t\!A + {}^t\!B$
(4) ${}^t(AB) = {}^t\!B\,{}^t\!A$

また A が正則行列のときは ${}^tA$ も正則で,次が成立する.
(5) $({}^tA)^{-1} = {}^t(A^{-1})$

【証明】 (1),(2),(3) の証明は省略する.
(4) の証明. A を $m \times n$ 行列,B を $n \times p$ 行列とする.このとき AB は $m \times p$ 行列なので,${}^t(AB)$ は $p \times m$ 行列である.また ${}^tB$ は $p \times n$ 行列で ${}^tA$ は $n \times m$ 行列なので ${}^tB\,{}^tA$ は $p \times m$ 行列である.したがって (4) の左右の行列の形が同じであることはわかった.次に左右の行列の (i,j) 成分が一致することを示す.

$$[{}^t(AB)]_{ij} = [AB]_{ji} = \sum_{k=1}^{n} [A]_{jk}[B]_{ki}$$

$$[{}^tB\,{}^tA]_{ij} = \sum_{k=1}^{n} [{}^tB]_{ik}[{}^tA]_{kj} = \sum_{k=1}^{n} [B]_{ki}[A]_{jk}$$

この二つは一致する.よって (4) が成立する.
(5) の証明. $A^{-1}A = AA^{-1} = E$ の各辺の転置を取る.

$${}^t(A^{-1}A) = {}^t(AA^{-1}) = E \quad \text{より}$$

$${}^tA\,{}^t(A^{-1}) = {}^t(A^{-1})\,{}^tA = E$$

よって (5) が成立する. □

問題 2.11 2つのベクトル $\boldsymbol{a} = \begin{pmatrix} 3 \\ 5 \end{pmatrix}$,$\boldsymbol{b} = \begin{pmatrix} -2 \\ 1 \end{pmatrix}$ に対し,${}^t\boldsymbol{a}\boldsymbol{b}$ および $\boldsymbol{a}\,{}^t\boldsymbol{b}$ を求めよ.

2.3 対称行列・交代行列

定義 2.12 対称行列・交代行列

正方行列 A が ${}^tA = A$ を満たすとき A を**対称行列**という.
また ${}^tA = -A$ を満たすとき A を**交代行列**という.

次は A が対称行列で B が交代行列の例である.

$$A = \begin{pmatrix} 1 & 2 & 3 \\ 2 & 4 & -5 \\ 3 & -5 & 6 \end{pmatrix}, \quad B = \begin{pmatrix} 0 & 2 & 3 \\ -2 & 0 & -5 \\ -3 & 5 & 0 \end{pmatrix}$$

例題 2.13 A を正方行列とする.
(1) $A + {}^tA$ は対称行列であることを示せ.
(2) $A - {}^tA$ は交代行列であることを示せ.
(3) A を対称行列 B と交代行列 C の和 $A = B + C$ と表すとき B, C を $A, {}^tA$ で表せ.

[解答] (1)

$$ {}^t(A + {}^tA) = {}^tA + A = A + {}^tA $$

より $A + {}^tA$ は対称行列である.

(2)

$$ {}^t(A - {}^tA) = {}^tA - A = -(A - {}^tA) $$

より $A - {}^tA$ は交代行列である.

(3)

$$ A = B + C, \quad {}^tA = {}^tB + {}^tC = B - C $$

より
$$A + {}^tA = 2B, A - {}^tA = 2C$$
である．よって
$$B = \frac{1}{2}(A + {}^tA), \quad C = \frac{1}{2}(A - {}^tA)$$
となる．

問題 2.14 次の問に答えよ．

(1) $A = \begin{pmatrix} 2 & -1 & 3 \\ 5 & 4 & -4 \end{pmatrix}$ の転置行列 ${}^tA$ を求めよ．

(2) ${}^tAA$ を計算し，それが対称行列であることを確かめよ．

(3) 任意の行列 B に対し ${}^tBB$, $B{}^tB$ は対称行列であることを示せ．

問題 2.15 $A = \begin{pmatrix} 1 & 2 \\ 3 & 4 \end{pmatrix}$ を対称行列と交代行列の和に表せ．すなわち $A = B + C$, ただし B は対称行列，C は交代行列のように和に表せ．

第3章 行列式

3.1 順列

n 個の自然数 $\{1,\cdots,n\}$ を1列に並べる順列を考える．そのような順列の個数は $n!$ である．順列は $(p_1, p_2, \cdots, p_n)$ のように表す．

順列 $(p_1, p_2, \cdots, p_n)$ において p_i が p_j より左にあり，かつ $p_i > p_j$ のときこの二つの数の組を**転倒**といい $\langle p_i, p_j \rangle$ と書く．転倒の個数をその順列の**転倒数**という．

例 3.1 順列 $(3, 4, 1, 2)$ の転倒は

$$\langle 3, 1 \rangle, \ \langle 3, 2 \rangle, \ \langle 4, 1 \rangle, \ \langle 4, 2 \rangle$$

である．よって転倒数は4である．

■ 順列の符号

転倒数が偶数の順列を**偶順列**，奇数の順列を**奇順列**という．また順列の符号を偶順列なら1(正)，奇順列なら -1(負) と定める．すなわち順列 $(p_1, p_2, \cdots, p_n)$ の符号を $\mathrm{sgn}(p_1, p_2, \cdots, p_n)$ とするとき，

$$\mathrm{sgn}(p_1, p_2, \cdots, p_n) = \begin{cases} 1 & (\text{偶順列のとき}) \\ -1 & (\text{奇順列のとき}) \end{cases}$$

と定める．転倒数を k とおくと

$$\mathrm{sgn}(p_1, p_2, \cdots, p_n) = (-1)^k$$

となる．

順列 $(1, 2, 3, \cdots, n)$ を**基本順列**という．基本順列の転倒数は 0 である．よって基本順列は偶順列でその符号は正である．

例題 3.2 順列 $(2, 4, 3, 1)$ の符号を求めよ．

[解答] 転倒は $\langle 2,1 \rangle$, $\langle 4,3 \rangle$, $\langle 4,1 \rangle$, $\langle 3,1 \rangle$ の 4 個でこの順列は偶順列である．よって $\mathrm{sgn}(2,4,3,1) = 1$ である．

問題 3.3 次の順列の符号を求めよ．
(1) $(4,2,3,1)$ (2) $(2,3,5,1,4)$

問題 3.4 基本順列 $(1,2,3,\cdots,n)$ を逆に並べた順列 $(n,\cdots,3,2,1)$ の転倒数を求めよ．またその符号を求めよ．符号は n を 4 で割った余りで場合分けして答えよ．

例題 3.5 $\{1,2,3\}$ の順列は 6 個ある．これを順列の符号によって分類せよ．

[解答] 符号が正の順列すなわち偶順列は $(1,2,3)$, $(2,3,1)$, $(3,1,2)$. 符号が負の順列すなわち奇順列は $(1,3,2)$, $(2,1,3)$, $(3,2,1)$.

ある順列において 2 つの数を入れ替えることを**互換**という．とくに入れ替える 2 つの数が隣り合っているとき**隣り合う数の互換**という．

例 3.6 順列 $(2,4,3,1)$ において 2 と 3 を入れ替える互換を行うと $(3,4,2,1)$ という順列にかわる．

補題 3.7 順列において隣り合う数の互換をおこなうと，順列の符号が変わる．

【証明】順列 $(\cdots, i, j, \cdots)$ において i, j を隣り合う数とし，この二つの数を入れ替える互換を行い，順列 $(\cdots, j, i, \cdots)$ になったとする．$i > j$ のときはこの互換によって転倒 $\langle i, j \rangle$ が消える．また $i < j$ のときはこの互換によって新たに転倒 $\langle j, i \rangle$ ができる．これ以外の転倒に変化はない．よって隣り合う数の互換によって順列の転倒数の偶数奇数が変わるので，順列の符号が変わる． □

定理 3.8

順列において互換を行うと，順列の符号が変わる．

【証明】順列
$$q_1 = (\cdots, i, \cdots, j, \cdots)$$
において i, j を入れ替える互換により，順列
$$q_2 = (\cdots, j, \cdots, i, \cdots)$$
になったとする．このとき q_1 から始めて，隣り合う数の互換を次々と行い q_2 に変形することを考える．補題 3.7 よりこの変形の回数が奇数回であることを示せばよい．順列 q_1 において i と j の間に s 個の数があるとする．このとき隣り合う数の互換を s 回行って i を順に右に移し，j の左の位置まで移動して q_3 にする．

$$q_3 = (\cdots, i, j, \cdots)$$

つぎに隣り合う数の互換により j を順に左に移して i が最初にあった位置に移して q_4 にする．このときの互換の階数は $s+1$ 回である．

$$q_4 = (\cdots, j, \cdots, i, \cdots)$$

このように $2s+1$ 回の隣り合う数の互換で i と j を入れ替えることができる．$2s+1$ は奇数なので補題 3.7 より定理の主張が成り立つ． □

系 3.9 基本順列 $(1, 2, \cdots, n)$ に k 回の互換を行い順列 $(p_1, p_2, \cdots, p_n)$ になったとする．このとき

$$\mathrm{sgn}(p_1, p_2, \cdots, p_n) = (-1)^k$$

である．

系 3.10 順列 $(p_1, p_2, \cdots, p_n)$ に k 回の互換を行い基本順列 $(1, 2, \cdots, n)$ になったとする．このとき

$$\mathrm{sgn}(p_1, p_2, \cdots, p_n) = (-1)^k$$

である．

系 3.11 次のように n 個の 2 次元ベクトルの順列がある．

$$\begin{pmatrix} 1 \\ p_1 \end{pmatrix} \begin{pmatrix} 2 \\ p_2 \end{pmatrix} \cdots \begin{pmatrix} n \\ p_n \end{pmatrix}$$

x 成分の順列は基本順列であり，y 成分の順列は 1 から n の順列である．いま y 成分が基本順列になるように，ベクトルを並べ替える．

$$\begin{pmatrix} q_1 \\ 1 \end{pmatrix} \begin{pmatrix} q_2 \\ 2 \end{pmatrix} \cdots \begin{pmatrix} q_n \\ n \end{pmatrix}$$

並べ替えたあとの x 成分の順列を $(q_1, q_2, \cdots, q_n)$ とすると

$$\mathrm{sgn}(p_1, p_2, \cdots, p_n) = \mathrm{sgn}(q_1, q_2, \cdots, q_n)$$

が成り立つ．

【証明】 ベクトルの互換を k 回行って並べ替えをしたと考えれば系 3.10, 系 3.11 より

$$\mathrm{sgn}(p_1, p_2, \cdots, p_n) = (-1)^k, \ \mathrm{sgn}(q_1, q_2, \cdots, q_n) = (-1)^k$$

となる． □

3.2 行列式

n 次正方行列

$$A = \begin{pmatrix} a_{11} & a_{12} & \cdots & a_{1n} \\ a_{21} & a_{22} & \cdots & a_{2n} \\ \vdots & \vdots & \ddots & \vdots \\ a_{n1} & a_{n2} & \cdots & a_{nn} \end{pmatrix}$$

に対し行列式 $|A|$ を次のように定義する．

$$|A| = \sum_{(p_1, \cdots, p_n)} \mathrm{sgn}(p_1, \cdots, p_n) a_{1p_1} \cdots a_{np_n}$$

ここに $(p_1, \cdots, p_n)$ は $1, \cdots, n$ の順列で，和の記号 $\sum$ の意味は，このような順列すべての和，という意味である．第 1 行から

$(1,p_1)$ 成分 a_{1p_1} をとる．第 2 行から $(2,p_2)$ 成分 a_{2p_2} をとる．以下同様に各行から一つずつ成分をとる．ただし $p_1,\cdots,p_n$ はすべて異なるので，同じ列から 2 回以上成分を選んではいけない．このようにして選んだ成分の積に順列 $(p_1,\cdots,p_n)$ の符号 1 か -1 を掛けたものの総和，これが A の行列式 $|A|$ である．$|A|$ を成分を用いて表すときは

$$|A| = \begin{vmatrix} a_{11} & a_{12} & \cdots & a_{1n} \\ a_{21} & a_{22} & \cdots & a_{2n} \\ \vdots & \vdots & \ddots & \vdots \\ a_{n1} & a_{n2} & \cdots & a_{nn} \end{vmatrix}$$

と書く．

3.3　2 次と 3 次の行列式

■　**2 次の行列式**

行列 $A = \begin{pmatrix} a_{11} & a_{12} \\ a_{21} & a_{22} \end{pmatrix}$ のとき

$$|A| = \mathrm{sgn}(1,2)a_{11}a_{22} + \mathrm{sgn}(2,1)a_{12}a_{21} = a_{11}a_{22} - a_{12}a_{21}$$

となる．これが 2 行 2 列の行列式である．$A = \begin{pmatrix} a & b \\ c & d \end{pmatrix}$ の場合は

$$|A| = \begin{vmatrix} a & b \\ c & d \end{vmatrix} = ad - bc$$

となる．

問題 3.12 公式を利用して次の行列式を計算せよ．

(1) $\begin{vmatrix} 1 & 0 \\ -2 & 5 \end{vmatrix}$ (2) $\begin{vmatrix} 4 & 2 \\ 3 & -1 \end{vmatrix}$

■ **3 次の行列式**

行列 $A = \begin{pmatrix} a_{11} & a_{12} & a_{13} \\ a_{21} & a_{22} & a_{23} \\ a_{31} & a_{32} & a_{33} \end{pmatrix}$ のとき

$$
\begin{aligned}
|A| &= \mathrm{sgn}(1,2,3)a_{11}a_{22}a_{33} + \mathrm{sgn}(2,3,1)a_{12}a_{23}a_{31} \\
&\quad + \mathrm{sgn}(3,1,2)a_{13}a_{21}a_{32} + \mathrm{sgn}(1,3,2)a_{11}a_{23}a_{32} \\
&\quad + \mathrm{sgn}(2,1,3)a_{12}a_{21}a_{33} + \mathrm{sgn}(3,2,1)a_{13}a_{22}a_{31} \\
&= a_{11}a_{22}a_{33} + a_{12}a_{23}a_{31} + a_{13}a_{21}a_{32} \\
&\quad - a_{11}a_{23}a_{32} - a_{12}a_{21}a_{33} - a_{13}a_{22}a_{31}
\end{aligned}
$$

となる（例題 3.5 参照）．これが 3 行 3 列の行列式である．

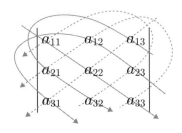

3 次の行列式の計算方法は図のように表示できる．実線に沿った三つの成分の積は符号が正で，点線に沿った三つの成分の積は符号が負である．この計算方法をサラスの方法という．

問題 3.13 サラスの方法により次の行列式を計算せよ.

$$\begin{vmatrix} 1 & 0 & -2 \\ -2 & 4 & 1 \\ -1 & -2 & 3 \end{vmatrix}$$

例 3.14 行列式 $|A| = \begin{vmatrix} x_1 & a_1 & b_1 \\ x_2 & a_2 & b_2 \\ x_3 & a_3 & b_3 \end{vmatrix}$ がある.

二つのベクトル $\boldsymbol{a} = \begin{pmatrix} a_1 \\ a_2 \\ a_3 \end{pmatrix}$, $\boldsymbol{b} = \begin{pmatrix} b_1 \\ b_2 \\ b_3 \end{pmatrix}$ の外積 $\boldsymbol{a} \times \boldsymbol{b}$ を $\begin{pmatrix} \alpha_1 \\ \alpha_2 \\ \alpha_3 \end{pmatrix}$

とするとき, $|A| = x_1\alpha_1 + x_2\alpha_2 + x_3\alpha_3$ となる.

このことから $\boldsymbol{x} = \begin{pmatrix} x_1 \\ x_2 \\ x_3 \end{pmatrix}$ とおくと $|A|$ は $\boldsymbol{x}$ と $\boldsymbol{a} \times \boldsymbol{b}$ の内積 $\boldsymbol{x} \cdot (\boldsymbol{a} \times \boldsymbol{b})$ となることがわかる.

例題 3.15 対角行列

$$\begin{vmatrix} a_{11} & 0 & \cdots & 0 \\ 0 & a_{22} & \cdots & 0 \\ \vdots & \vdots & \ddots & \vdots \\ 0 & 0 & \cdots & a_{nn} \end{vmatrix}$$

の行列式は $a_{11}a_{22}\cdots a_{nn}$ である.

【証明】 行列式の定義において

$$\text{sgn}(1,2,\cdots,n)a_{11}a_{22}\cdots a_{nn}$$

の項以外は 0 である．ここで $\text{sgn}(1,2,\cdots,n)=1$ より主張が成立する．

□

例題 3.16 次の行列式を計算せよ．

$$\begin{vmatrix} 0 & 0 & 0 & a \\ 0 & 0 & b & 0 \\ 0 & c & 0 & 0 \\ d & 0 & 0 & 0 \end{vmatrix}$$

[解答] 与式 $= \text{sgn}(4,3,2,1)abcd = abcd$

問題 3.17 次の行列式を計算せよ．

(1) $\begin{vmatrix} 5 & -2 \\ 8 & 3 \end{vmatrix}$
(2) $\begin{vmatrix} 2 & 1 & -2 \\ -1 & 5 & 0 \\ 3 & 7 & 1 \end{vmatrix}$
(3) $\begin{vmatrix} 1 & 0 & 2 & 0 \\ 0 & 3 & 0 & 0 \\ 0 & 0 & 4 & 5 \\ 6 & 0 & 0 & 7 \end{vmatrix}$

ヒント：**(3)** について．行列式の定義において，順列 $(1,2,3,4),(3,2,4,1)$ に対応する **2** 項以外は **0** である．

コラム　15並べ

1	2	3	4
5	6	7	8
9	10	11	12
13	14	15	

表 (1)

1	2	3	4
5	6	7	8
9	10		12
13	14	11	15

表 (2)

偶	奇	偶	奇
奇	偶	奇	偶
偶	奇	偶	奇
奇	偶	奇	偶

表 (3)

表 (1) あるいは表 (2) のように四角な小箱に 1 から 15 まで番号のついた駒が並べてある．一箇所は空所である．この空所に隣りの駒をずらして入れることにより駒の位置を変える．最初に 15 個の駒を任意の順序で入れ，駒を左右または上下にずらして表 (1) の配列にする遊戯を 15 並べという．ただし駒の配列によっては表 (1) の配列にできない場合がある．どのような場合にできないかを考える．

(1) 最初は表 (1) から始めて駒を動かしていく．そのときに表れる配列全体（この集合を A とおく）が，逆に表 (1) に変えることのできる配列全体である．実際駒を動かすという変形は可逆な操作であることに注意すれば，この主張は明らかである．

(2) 任意の配列に対し 1 から 16 の順列を対応させる．その方法は与えられた配列の第 1 行の駒の数を左から順に並べ，次に 2 行目の駒の数を左から順に並べる，次に 3 行，4 行という方法で順列を作る．ただし空所の数字は 16 と考える．例えば表 (1) に対応する順列は基本順列である．対応する順列が偶順列のとき偶配列，奇順列のとき奇配列とよぶ．表 (1) は偶配列である．

(3) 駒を 1 回動かすと配列の偶奇が変わる．実際この操作で

対応する順列も変化するが，これは互換である．よって順列の偶奇が変わるので配列の偶奇も変わる．

(4) 表 (1) から出発して偶（奇）数回駒を動かせば，空所は表 (3) の偶（奇）の所にくる．

(5) 表 (3) において空所が「偶（奇）」にあれば偶（奇）配列であるような配列の集合をＢとおく．このときＡはＢの部分集合である．実際 (5) の主張は (3) と (4) からただちに導かれる．

以上の考察よりＢに属さない配列は表 (1) に変えることができないことがわかった．たとえば表 (1) で空所以外の2つの駒を入れ替えた配列はＢに属さない．なおＡとＢは一致することが高木貞治著『数学小景』（岩波現代文庫）に解説されている．このコラムはこの文庫を参考にした．

第4章　行列式の性質

4.1　行列式と転置行列

定理 4.1

正方行列 A に対して次が成立する．

$$|A| = |{}^t A|$$

【証明】 3次の正方行列として証明する．A の (i,j) 成分を $[A]_{ij}$ と書くと $[{}^t A]_{ij} = [A]_{ji}$ より

$$\begin{aligned}
|{}^t A| &= \sum_{(p_1,p_2,p_3)} \operatorname{sgn}(p_1,p_2,p_3)[{}^t A]_{1p_1}[{}^t A]_{2p_2}[{}^t A]_{3p_3} \\
&= \sum_{(p_1,p_2,p_3)} \operatorname{sgn}(p_1,p_2,p_3)[A]_{p_1 1}[A]_{p_2 2}[A]_{p_3 3} \\
&= \sum_{(p_1,p_2,p_3)} \operatorname{sgn}(p_1,p_2,p_3)[A]_{1q_1}[A]_{2q_2}[A]_{3q_3} \\
&= \sum_{(q_1,q_2,q_3)} \operatorname{sgn}(q_1,q_2,q_3)[A]_{1q_1}[A]_{2q_2}[A]_{3q_3} \\
&= |A|
\end{aligned}$$

上から3行目の変形は三つの積 $[A]_{p_1 1}[A]_{p_2 2}[A]_{p_3 3}$ の順番を変えて $[A]_{1q_1}[A]_{2q_2}[A]_{3q_3}$ とした．系 3.11 より $\operatorname{sgn}(p_1,p_2,p_3) = \operatorname{sgn}(q_1,q_2,q_3)$ なので 4 行目の変形が成立する． □

定理 4.1 より，行列式の列に関して成り立つ性質は行に関しても成り立ち，また行に関して成り立つ性質は列に関しても成り立つことがわかる．

4.2 多重線形性・交代性

定理 4.2 は 3 次の行列式としているが，この定理は任意の次数の行列式で成立する．また定理 4.2 の式は第 1 列に関する行列式の変形を書いているが，これを「行列式の第 1 列に関する線形性」という．この線形性は任意の列で成立し，そのため**多重線形性**とよばれる．この性質は行に関しても成立する．

定理 4.2　多重線形性

次が成立する．

$$\begin{vmatrix} a_1 + a_1' & b_1 & c_1 \\ a_2 + a_2' & b_2 & c_2 \\ a_3 + a_3' & b_3 & c_3 \end{vmatrix} = \begin{vmatrix} a_1 & b_1 & c_1 \\ a_2 & b_2 & c_2 \\ a_3 & b_3 & c_3 \end{vmatrix} + \begin{vmatrix} a_1' & b_1 & c_1 \\ a_2' & b_2 & c_2 \\ a_3' & b_3 & c_3 \end{vmatrix} \quad (4.1)$$

$$\begin{vmatrix} ka_1 & b_1 & c_1 \\ ka_2 & b_2 & c_2 \\ ka_3 & b_3 & c_3 \end{vmatrix} = k \begin{vmatrix} a_1 & b_1 & c_1 \\ a_2 & b_2 & c_2 \\ a_3 & b_3 & c_3 \end{vmatrix} \quad (4.2)$$

【証明】 行列式の定義における一つの項に注目して説明する．ここでは対角成分の積の項を考えてみる．式 (4.1) の左辺で対角成分の積の項は

$$\mathrm{sgn}(1,2,3)(a_1 + a_1')b_2 c_3 = \mathrm{sgn}(1,2,3)a_1 b_2 c_3 + \mathrm{sgn}(1,2,3)a_1' b_2 c_3$$

と分けることができる．他の項も同様に和に分けることができ，式 (4.1) が成立する．式 (4.2) についても同じように左辺の対角成分の積の項は

$$\mathrm{sgn}(1,2,3)(ka_1)b_2c_3 = k \cdot \mathrm{sgn}(1,2,3)a_1b_2c_3$$

となるので式 (4.2) が成立する. □

例題 4.3 A を n 次正方行列とする. このとき $|kA| = k^n|A|$ である.

［解答］ 定理 4.2 の (4.2) を利用する.

定理 4.4　交代性

行列式において 2 つの列（行）を入れ替えたらその符号が変わる.

$$\begin{vmatrix} a_1 & b_1 & c_1 \\ a_2 & b_2 & c_2 \\ a_3 & b_3 & c_3 \end{vmatrix} = - \begin{vmatrix} b_1 & a_1 & c_1 \\ b_2 & a_2 & c_2 \\ b_3 & a_3 & c_3 \end{vmatrix}$$

【証明】 上の式では第 1 列と第 2 列を入れ替えた場合を例として書いている. 前と同じくここでも 1 つの項に注目して説明する. 左辺で対角成分の積の項は

$$\mathrm{sgn}(1,2,3)a_1b_2c_3$$

であるが右辺の行列式でこの項は

$$\mathrm{sgn}(2,1,3)a_1b_2c_3$$

となる. 順列が変わったのは列を入れ替えたからだが, これは順列 $(1,2,3)$ に 1 と 2 を替える互換を行ったことになっている. よって順列の符号が

$$\mathrm{sgn}(1,2,3) = -\mathrm{sgn}(2,1,3)$$

と変わるので項の符合も変わる．このことはすべての項で成立するので交代性が成立する．なお，交代性は行に関しても成立する． □

命題 4.5 行列式において，ある列（行）が他の列（行）の k 倍になっているとき，その行列式の値は 0 である．

$$\begin{vmatrix} a_1 & ka_1 & c_1 \\ a_2 & ka_2 & c_2 \\ a_3 & ka_3 & c_3 \end{vmatrix} = 0$$

【証明】 まず $k=1$ の場合を示す．

$$|A| = \begin{vmatrix} a_1 & a_1 & c_1 \\ a_2 & a_2 & c_2 \\ a_3 & a_3 & c_3 \end{vmatrix}$$

とおく．$|A|$ は第 1 行と第 2 行を入れ替えても変わらない．よって交代性より $|A| = -|A|$ となるので $|A| = 0$ である．次に一般の場合であるが k を行列式の前に出せばその値が 0 であることがわかる． □

命題 4.6 n 次行列式 $|A|$ に対して，次が成立する．

$$|A| = \begin{vmatrix} a_{11} & * & \cdots & * \\ 0 & & & \\ \vdots & & B & \\ 0 & & & \end{vmatrix} = a_{11}|B|$$

【証明】
$$|A| = \sum_{(p_1,\cdots,p_n)} \text{sgn}(p_1,\cdots,p_n) a_{1p_1} \cdots a_{np_n}$$
$$= \sum_{(1,p_2,\cdots,p_n)} \text{sgn}(1,p_2,\cdots,p_n) a_{11} a_{2p_2} \cdots a_{np_n}$$
$$= a_{11} \sum_{(p_2,\cdots,p_n)} \text{sgn}(p_2,\cdots,p_n) a_{2p_2} \cdots a_{np_n}$$
$$= a_{11}|B| \quad \square$$

なお，この証明に関しては「あとがき」に関連事項を書いている．

注意：転置した形でも同様の主張が成立する．すなわち

$$|A| = \begin{vmatrix} a_{11} & 0 & \cdots & 0 \\ \hline * & & & \\ \vdots & & B & \\ * & & & \end{vmatrix} = a_{11}|B|$$

問題 4.7 次の行列式を求めよ．

$$\begin{vmatrix} 3 & 2 & 3 & 4 \\ 0 & 1 & 0 & -2 \\ 0 & -2 & 4 & 1 \\ 0 & -1 & -2 & 3 \end{vmatrix}$$

> **定義 4.8**
>
> 正方行列の対角成分より上の部分がすべて 0 のとき下三角行列という．また対角成分より下の部分がすべて 0 のとき上三角行列という．下の行列は左が下三角行列で，右が上三角行列である．この二つを合わせて単に三角行列という．
>
> $$\begin{pmatrix} a_1 & 0 & 0 \\ a_2 & b_2 & 0 \\ a_3 & b_3 & c_3 \end{pmatrix} \quad \begin{pmatrix} a_1 & b_1 & c_1 \\ 0 & b_2 & c_2 \\ 0 & 0 & c_3 \end{pmatrix}$$

命題 4.9 三角行列の行列式は対角成分の積である．

【証明】 命題 4.6 を使えば数学的帰納法により証明できる．あるいは直接定義から説明することもできる． □

■ 行列式の変わらない行変形

補題 4.10 行列に対して次の二つの行変形 $(\alpha), (\beta)$ を考える．行列が正方行列の場合，この二つの変形で行列式は変わらない．
(α) ある行を k 倍して他の行に加える．

$$\begin{vmatrix} a_1 & b_1 & c_1 \\ a_2+ka_1 & b_2+kb_1 & c_2+kc_1 \\ a_3 & b_3 & c_3 \end{vmatrix} = \begin{vmatrix} a_1 & b_1 & c_1 \\ a_2 & b_2 & c_2 \\ a_3 & b_3 & c_3 \end{vmatrix}$$

(β) 2 つの行を入れ替えて，どこかの行に -1 を掛ける．

【証明】 正方行列の場合，行変形 $(\alpha),(\beta)$ により行列式が変わらないことを示す．

(α) について．

$$\begin{vmatrix} a_1 & b_1 & c_1 \\ a_2+ka_1 & b_2+kb_1 & c_2+kc_1 \\ a_3 & b_3 & c_3 \end{vmatrix} = \begin{vmatrix} a_1 & b_1 & c_1 \\ a_2 & b_2 & c_2 \\ a_3 & b_3 & c_3 \end{vmatrix} + \begin{vmatrix} a_1 & b_1 & c_1 \\ ka_1 & kb_1 & kc_1 \\ a_3 & a_3 & c_3 \end{vmatrix}$$

$$= \begin{vmatrix} a_1 & b_1 & c_1 \\ a_2 & b_2 & c_2 \\ a_3 & b_3 & c_3 \end{vmatrix}$$

(β) について．交代性と多重線形性より成り立つことがわかる． □

注意：補題 4.10 と同様の主張は列の変形に対しても成立するが，$(\alpha),(\beta)$ は補題 4.10 における二つの行変形につけた名前である．こられの名前は本章だけで使用し定理 4.24 の証明に使われる．

■ 行列式の計算

多重線形性，交代性，(α) および (α) に対応する列変形，すなわち：

「ある列を c 倍して他の列に加える」

を利用して行列式の値を求めたりあるいは行列式の因数分解を行う．

例題 4.11 行列式 $\begin{vmatrix} a & c & b \\ b & a & c \\ c & b & a \end{vmatrix}$ について

(1) サラスの方法で計算せよ．
(2) 行列式の性質を使って因数分解せよ．

[解答]　(1) $a^3 + b^3 + c^3 - 3abc$

(2) 次の最初の変形は，まず 2 列を 1 列に加え，次に 3 列を 1 列に加えている．次の変形は 1 列目の共通因数 $a + b + c$ を行列式の前に出している．最後の変形はサラスの方法で計算している．

$$\begin{vmatrix} a & c & b \\ b & a & c \\ c & b & a \end{vmatrix} = \begin{vmatrix} a+b+c & c & b \\ a+b+c & a & c \\ a+b+c & b & a \end{vmatrix}$$

$$= (a+b+c) \begin{vmatrix} 1 & c & b \\ 1 & a & c \\ 1 & b & a \end{vmatrix}$$

$$= (a+b+c)(a^2 + b^2 + c^2 - ab - bc - ca)$$

例題 4.12　次の行列式を因数分解せよ．

$$\begin{vmatrix} 1 & 1 & 1 \\ a & b & c \\ a^2 & b^2 & c^2 \end{vmatrix}$$

[解答]

$$\begin{vmatrix} 1 & 1 & 1 \\ a & b & c \\ a^2 & b^2 & c^2 \end{vmatrix} = \begin{vmatrix} 1 & 0 & 0 \\ a & b-a & c-a \\ a^2 & b^2-a^2 & c^2-a^2 \end{vmatrix}$$

$$= (b-a)(c-a) \begin{vmatrix} 1 & 0 & 0 \\ a & 1 & 1 \\ a^2 & b+a & c+a \end{vmatrix}$$

$$= (b-a)(c-a)(c-b)$$

$$= (a-b)(b-c)(c-a)$$

1行目の変形は (α) に対応する列変形を用いて行列式の $(1,2)$ 成分, $(1,3)$ 成分を 0 にしている. そのやりかたはまず 1 列の -1 倍を 2 列に加える. 次に 1 列の -1 倍を 3 列に加える, という方法である. この変形を $(1,1)$ 成分を基準として **1 行を掃き出す**という.

2 行目の変形は 2 列目, 3 列目の共通因数を前に出している.

3 行目の変形はサラスの方法あるいは命題 4.6 の後の注意を利用している.

問題 4.13 次の行列式を因数分解せよ.

(1) $\begin{vmatrix} 1 & a & bc \\ 1 & b & ca \\ 1 & c & ab \end{vmatrix}$ (2) $\begin{vmatrix} 1 & a+b & ab \\ 1 & b+c & bc \\ 1 & c+a & ca \end{vmatrix}$

ヒント：ともに行変形 (α) を用いて $(1,1)$ 成分を基準として第 1 列を掃き出す.

問題 4.14 次の行列式を因数分解せよ.

$\begin{vmatrix} x & 1 & 1 \\ 1 & x & 1 \\ 1 & 1 & x \end{vmatrix}$

ヒント：各行の成分の和は $x+2$ に注目し, 2 列, 3 列を 1 列に加えよ. 次に 1 列の共通因数 $x+2$ を行列式の前に出せ.

問題 4.15 次の行列式を求めよ．

$$\begin{vmatrix} 1 & -1 & 2 & 2 \\ 2 & -3 & -1 & 7 \\ -1 & 1 & -3 & 1 \\ 3 & 0 & 6 & 10 \end{vmatrix}$$

ヒント：$(1,1)$ 成分を基準として 1 列．あるいは 1 行を掃き出す．

■ 階段行列

下のように行列に階段状に線を引く．ただしこの階段は 1 段ずつしか下がらない．このとき，ちょうど階段が下がったところの成分（下の行列でいえば a_{12}, a_{23}, a_{35}）の位置を，ピボットという．

$$\begin{pmatrix} a_{11} & | a_{12} & a_{13} & a_{14} & a_{15} \\ a_{21} & a_{22} & | a_{23} & a_{24} & a_{25} \\ a_{31} & a_{32} & a_{33} & a_{34} & | a_{35} \\ a_{41} & a_{42} & a_{43} & a_{44} & a_{45} \end{pmatrix}$$

定義 4.16　階段行列

上で説明したように行列に階段状に線がひかれていると考えれば，ピボットの位置が定まる．このとき次の条件を満たす行列を階段行列という．
 (1) ピボットの成分は 0 ではない．
 (2) ピボットの左にある成分はすべて 0 である．
 (3) ピボットのない行の成分はすべて 0 である．
 (4) ピボットの上にある成分はすべて 0 である．

例えば次に挙げた行列が階段行列である．階段行列の定義でふれられていない成分（次の例では 3 と 5 の所）については，0 である必要はない．

$$\begin{pmatrix} 0 & \underline{2} & 0 & 3 & 0 \\ 0 & 0 & \underline{4} & 5 & 0 \\ 0 & 0 & 0 & 0 & \underline{6} \\ 0 & 0 & 0 & 0 & 0 \end{pmatrix}$$

注意：後半でピボットの成分がすべて 1 である階段行列を考えるが，これをピボットが 1 の階段行列という．

命題 4.17 行変形 $(\alpha), (\beta)$ を繰り返し行うことにより，任意の行列は階段行列に変形できる．

【証明】 **Step 1**

与えられた行列で，左からみていって初めて零ベクトルでない列を d_1 列とする．行変形 (β) を用いて $(1, d_1)$ 成分が 0 でないようにする．次に $(1, d_1)$ 成分を基準として d_1 列を掃き出し，残りの成分を 0 にする．すなわち 1 行を c 倍して他の行に加えるという方法で，d_1 列の 1 行以外の成分を 0 にする．このとき行列は次の形になる．$(1, d_1)$ 成分 a_{1d_1} が 1 行目のピボットである．

$$\begin{pmatrix} 0 & a_{1d_1} & * & * & * \\ 0 & 0 & * & * & * \\ 0 & 0 & * & * & * \\ 0 & 0 & * & * & * \end{pmatrix}$$

Step 2

次に $(1, d_1)$ 成分の右下の部分（次の行列では B と表示している部分）が Step 1 の行列の形になるように変形する．このとき 2 行目のピボットである $(2, d_2)$ 成分 a_{2d_2} の上の部分 (次の行列でいえば△と表示している $(1, 3)$ 成分) も掃き出して 0 にする．以下この操作を続けていけば，階段行

列に変形できる．

$$\begin{pmatrix} 0 & a_{1d_1} & * & * & * \\ 0 & 0 & & & \\ 0 & 0 & & B & \\ 0 & 0 & & & \end{pmatrix} \longrightarrow \begin{pmatrix} 0 & a_{1d_1} & \triangle & * & \triangle \\ 0 & 0 & a_{2d_2} & * & \triangle \\ 0 & 0 & 0 & 0 & a_{3d_3} \\ 0 & 0 & 0 & 0 & 0 \end{pmatrix}$$

以上で任意の行列は行変形 $(\alpha), (\beta)$ を繰り返し行うことにより階段行列にできることがわかった．特に行列が正方行列の場合はこの変形で行列式は変わらない． □

命題 4.18 正方行列を行変形 $(\alpha), (\beta)$ により階段行列に変形したとき，次が成立する．
(1) 行列式が 0 のとき，階段行列の最下行の成分はすべて 0 となる．
(2) 行列式が 0 でないとき，階段行列の対角成分がすべてピボットの対角行列となる．

【証明】 n 次正方行列を階段行列に変形したとき，ピボットの数が n より小さいときは最下行の成分がすべて 0 となる．ピボットの数が n のときは対角成分がすべてピボットとなる．よって命題が成立する． □

例題 4.19 次の行列を行変形 $(\alpha), (\beta)$ で階段行列にせよ．つぎにそれぞれの行列の行列式を変形した形から計算せよ．

(1) $\begin{pmatrix} 1 & 1 & 1 \\ 1 & 1 & 5 \\ 1 & 9 & 25 \end{pmatrix}$ (2) $\begin{pmatrix} 1 & 1 & 1 \\ 1 & 3 & 5 \\ 2 & 4 & 6 \end{pmatrix}$

[解答] **(1)** について．

$$\begin{pmatrix} 1 & 1 & 1 \\ 1 & 1 & 5 \\ 1 & 9 & 25 \end{pmatrix} \to \begin{pmatrix} 1 & 1 & 1 \\ 0 & 0 & 4 \\ 0 & 8 & 24 \end{pmatrix} \to \begin{pmatrix} 1 & 1 & 1 \\ 0 & 8 & 24 \\ 0 & 0 & -4 \end{pmatrix} \to$$

$$\begin{pmatrix} 1 & 0 & -2 \\ 0 & 8 & 24 \\ 0 & 0 & -4 \end{pmatrix} \to \begin{pmatrix} 1 & 0 & 0 \\ 0 & 8 & 0 \\ 0 & 0 & -4 \end{pmatrix}$$

最初の変形は $(1,1)$ 成分を基準として 1 列を掃き出している．次の変形は 2 行と 3 行を入れ替えて 3 行に -1 を掛けている．次の変形は $(2,2)$ 成分を基準として 2 列を掃き出している．次の変形は $(3,3)$ 成分を基準として 3 列を掃き出している．行列式は -32.

(2) について．

$$\begin{pmatrix} 1 & 1 & 1 \\ 1 & 3 & 5 \\ 2 & 4 & 6 \end{pmatrix} \to \begin{pmatrix} 1 & 1 & 1 \\ 0 & 2 & 4 \\ 0 & 2 & 4 \end{pmatrix} \to \begin{pmatrix} 1 & 0 & -1 \\ 0 & 2 & 4 \\ 0 & 0 & 0 \end{pmatrix}$$

行列式は 0.

4.3　行列式と積

定義 4.20

3 つの行列を次のように定義する．これらの行列は行列式が 0 ではないので正則行列である．

(1) n 次単位行列において第 i 列と第 j 列を交換した行列を $P_n(i,j)$ と書く．

$$P_3(2,3) = \begin{pmatrix} 1 & 0 & 0 \\ 0 & 0 & 1 \\ 0 & 1 & 0 \end{pmatrix}$$

(2) n 次単位行列において (i,i) 成分を 0 でない数 c に変えたものを $Q_n(i;c)$ と書く.

$$Q_3(2;c) = \begin{pmatrix} 1 & 0 & 0 \\ 0 & c & 0 \\ 0 & 0 & 1 \end{pmatrix}$$

(3) n 次単位行列において (i,j) 成分 $(i \neq j)$ を数 c に変えたものを $R_n(i,j;c)$ と書く.

$$R_3(2,3;c) = \begin{pmatrix} 1 & 0 & 0 \\ 0 & 1 & c \\ 0 & 0 & 1 \end{pmatrix}$$

命題 4.21 $m \times n$ 行列 A について,次が成立する.

(1) $P_m(i,j)A$ は A の第 i 行と第 j 行を交換した行列である.
  $AP_n(i,j)$ は A の第 i 列と第 j 列を交換した行列である.

(2) $Q_m(i;c)A$ は A の第 i 行を c 倍した行列である.
  $AQ_n(i;c)$ は A の第 i 列を c 倍した行列である.

(3) $R_m(i,j;c)A$ は A の第 i 行に第 j 行の c 倍を加えた行列である.
  $AR_n(i,j;c)$ は A の第 j 列に第 i 列の c 倍を加えた行列である.

問題 4.22

$$A = \begin{pmatrix} a_1 & b_1 & c_1 \\ a_2 & b_2 & c_2 \\ a_3 & b_3 & c_3 \end{pmatrix}$$

とおく．
(1) $P_3(2,3)A$ を計算して命題 4.21(1) の変形になっていることを確かめよ．
(2) $Q_3(2;c)A$ を計算して命題 4.21(2) の変形になっていることを確かめよ．
(3) $R_3(2,3;c)A$ を計算して命題 4.21(3) の変形になっていることを確かめよ．

例題 4.23 A を $m \times n$ 行列とする．A に左から行列 D を掛けて行変形 $(\alpha), (\beta)$ を行いたい．D をどのようにしたらよいか．

[解答] 行変形の (α) について．$D = R_n(i,j,c)$ とおけば A の第 i 行に第 j 行の c 倍を加えたことになる．

行変形の (β) について．$D = Q_n(k;-1)P_n(i,j)$ とすれば A の i 行と j 行を入れ替え，さらに k 行を -1 倍したことになる．

注意：これら行変形 $(\alpha), (\beta)$ に対応する行列の積を考えることにより，命題 4.18 も，ある正則行列を左から掛けることにより実現できる．

定理 4.24

n 次正方行列 A, B に対し，次が成立する．

$$|AB| = |A||B|$$

【証明】 **Step 1**：A が対角行列のとき．A の対角成分を $a_{11}, a_{22}, \cdots, a_{nn}$ とおくと AB は B の i $(1 \leqq i \leqq n)$ 行を a_{ii} 倍した行列となる．よって行列式の多重線形性をつかえば

$$|AB| = a_{11}a_{22}\cdots a_{nn}|B| = |A||B|$$

となり主張が成立する．

Step 2：A の最下行の成分がすべて 0 のとき．AB の最下行の成分もすべて 0 となる．よって

$$|AB| = 0, \ |A||B| = 0 \times |B| = 0$$

で主張が成立する．

Step 3：一般の場合．AB に行変形 $(\alpha), (\beta)$ を繰り返し行う．その複数回の行変形に対応する行列を D とする．D を AB に左から掛ける．

$$D(AB) = (DA)B$$

なので A に行変形 $(\alpha), (\beta)$ を繰り返し行っても積 AB の行列式が変わらないことがわかる．ところで命題 4.18 より，正方行列 A は行変形 $(\alpha), (\beta)$ を繰り返し行うことにより，対角行列または最下行がすべて 0 の行列に変形できた．この行列を DA と書くと，

$$|AB| = |D(AB)| = |(DA)B| = |DA||B| = |A||B|$$

このように Step 1, Step 2 の場合に帰着される．すなわち主張が成立する．

□

4.3 行列式と積

命題 4.25 行列 A が正則であるとき，すなわち A の逆行列 A^{-1} が存在するとき $|A| \neq 0$ である．

【証明】 式 $AA^{-1} = E$ の両辺の行列式をとると $|AA^{-1}| = |E|$ よって $|A||A^{-1}| = 1$ となるので $|A| \neq 0$ である． □

注意：$A = \begin{pmatrix} a & b \\ c & d \end{pmatrix}$ が 2 次の正方行列のとき，$|A| = ad - bc \neq 0$ ならば

$$A^{-1} = \frac{1}{ad-bc} \begin{pmatrix} d & -b \\ -c & a \end{pmatrix}$$

であることを定理 2.7 で示した．よって A が 2 次正方行列のとき

$$A \text{ は正則} \iff |A| \neq 0$$

が成立する．これは一般の n 次正方行列のときでも成立する．すなわち命題 4.25 の逆が成立する．これは後の余因子行列の節で示す．

問題 4.26 A, P を n 次正方行列とし，P は正則とする．このとき $|P^{-1}AP| = |A|$ であることを示せ．

問題 4.27 $A = \begin{pmatrix} a & b \\ c & d \end{pmatrix}, B = \begin{pmatrix} a' & b' \\ c' & d' \end{pmatrix}$ とおく．AB を計算し $|AB| = |A||B|$ が成り立つことを確かめよ．

問題 4.28 $A = \begin{pmatrix} a^2+b^2 & bc & ac \\ bc & a^2+c^2 & ab \\ ac & ab & b^2+c^2 \end{pmatrix}$ の行列式を計算したい．

(1) $\begin{pmatrix} 0 & a & b \\ a & 0 & c \\ b & c & 0 \end{pmatrix}^2 = A$ であることを確かめよ．

(2) (1) を利用して $|A|$ を求めよ．

4.4 行列式の展開

n 次正方行列 $A = (a_{ij})$ の行列式

$$|A| = \begin{vmatrix} a_{11} & a_{12} & \cdots & a_{1n} \\ a_{21} & a_{22} & \cdots & a_{2n} \\ \vdots & \vdots & \ddots & \vdots \\ a_{n1} & a_{n2} & \cdots & a_{nn} \end{vmatrix}$$

において第 i 行と第 j 列を取り除いた $n-1$ 次の行列式を Δ_{ij} で表し行列 A の (i,j) 小行列式という．

$$\Delta_{ij} = \begin{array}{|c|c|} \hline \cdots & \cdots \cdots \\ \hline & a_{ij} \\ \hline \cdots & \cdots \cdots \\ \cdots & \cdots \cdots \\ \hline \end{array}$$

また，$A_{ij} = (-1)^{i+j} \Delta_{ij}$ を行列 A の (i,j) 余因子という．

問題 4.29 $A = \begin{pmatrix} 1 & 2 & 3 \\ 4 & 5 & 6 \\ 7 & 8 & 9 \end{pmatrix}$ について次のものを求めよ．

(1) Δ_{22}, Δ_{23} (2) A_{22}, A_{23}

問題 4.30 $A = \begin{pmatrix} 2 & 1 & -4 & 5 \\ -3 & -1 & 0 & 2 \\ 0 & 1 & -2 & -1 \\ 1 & 2 & 5 & -1 \end{pmatrix}$ について次のものを求めよ．

(1) Δ_{13} (2) A_{13}

補題 4.31 n 次正方行列 $A = (a_{ij})$ において，成分 a_{st} の属する t 列は a_{st} 以外はすべて 0 とする．このとき

$$|A| = a_{st} A_{st}$$

となる．

【証明】 例えば 3 次の正方行列 A で第 3 列は a_{23} 以外は 0 とする．

$$|A| = \begin{vmatrix} a_{11} & a_{12} & 0 \\ a_{21} & a_{22} & a_{23} \\ a_{31} & a_{32} & 0 \end{vmatrix} = (-1)^2 \begin{vmatrix} 0 & a_{11} & a_{12} \\ a_{23} & a_{21} & a_{22} \\ 0 & a_{31} & a_{32} \end{vmatrix}$$

$$= (-1)^3 \begin{vmatrix} a_{23} & a_{21} & a_{22} \\ 0 & a_{11} & a_{12} \\ 0 & a_{31} & a_{32} \end{vmatrix} = (-1)^3 a_{23} \Delta_{23} = a_{23} A_{23}$$

最初の行の変形は，隣り合う列の互換を 2 回行い第 3 列を第 1 列にもっ

てきた．次の行の変形は隣り合う行の互換を1回行い第2行を第1列にもってきた．

一般の場合，隣り合う列の互換を順に行って第 t 列を第1列に持ってくる．このときに行う互換の数は $t-1$ である．次に隣り合う行の互換を順に行って第 s 行を第1行に持ってくる．このときに行う互換の数は $s-1$ である．このとき行列式 $|A|$ は次のようになる．

$$|A| = (-1)^{t+s-2} \begin{vmatrix} a_{st} & * & \cdots & * \\ 0 & & & \\ \vdots & & B & \\ 0 & & & \end{vmatrix} = (-1)^{t+s-2} a_{st} |B|$$

右の等式は命題 4.6 より成立する．ただし $|B|$ は A の (s,t) 小行列式 Δ_{st} である．よって

$$|A| = (-1)^{t+s-2} a_{st} \Delta_{st} = (-1)^{t+s} a_{st} \Delta_{st} = a_{st} A_{st}$$

となり主張が証明された． □

定理 4.32　行列式の展開定理

n 次正方行列 $A = (a_{ij})$ において，第 j 列の成分と余因子により行列式 $|A|$ を次のように計算することができる．

$$|A| = a_{1j} A_{1j} + a_{2j} A_{2j} + \cdots + a_{nj} A_{nj} = \sum_{k=1}^{n} a_{kj} A_{kj}$$

これを行列式 $|A|$ の第 j 列による展開という．

なお，この展開定理は行に関しても成立する．

【証明】 例えば3次の正方行列 $A = (a_{ij})$ で第1列による展開を考える．

$$|A| = \begin{vmatrix} a_{11} & a_{12} & a_{13} \\ 0 & a_{22} & a_{23} \\ 0 & a_{32} & a_{33} \end{vmatrix} + \begin{vmatrix} 0 & a_{12} & a_{13} \\ a_{21} & a_{22} & a_{23} \\ 0 & a_{32} & a_{33} \end{vmatrix} + \begin{vmatrix} 0 & a_{12} & a_{13} \\ 0 & a_{22} & a_{23} \\ a_{31} & a_{32} & a_{33} \end{vmatrix}$$

$$= a_{11}A_{11} + a_{21}A_{21} + a_{31}A_{31}$$

最初の等号は行列式の第 1 列に関する線形性, 次の等号は補題 4.31 を適用した.

一般の第 j 列による展開も同様に成立する. □

例題 4.33 行列式 $|A| = \begin{vmatrix} x & 0 & 0 & a \\ -1 & x & 0 & b \\ 0 & -1 & x & c \\ 0 & 0 & -1 & d \end{vmatrix}$ がある.

(1) $(1,1)$ 余因子 A_{11} と $(1,4)$ 余因子 A_{14} を求めよ.
(2) 第 1 行による展開で行列式 $|A|$ を求めよ.

[解答] $A_{11} = (-1)^2 \begin{vmatrix} x & 0 & b \\ -1 & x & c \\ 0 & -1 & d \end{vmatrix} = dx^2 + cx + b,$

$A_{14} = (-1)^5 \begin{vmatrix} -1 & x & 0 \\ 0 & -1 & x \\ 0 & 0 & -1 \end{vmatrix} = 1$

よって,

$|A| = x(dx^2 + cx + b) + a = dx^3 + cx^2 + bx + a$

問題 4.34 行列式 $\begin{vmatrix} 1 & 2 & 3 & 0 \\ 0 & 1 & 0 & -3 \\ 0 & 1 & -2 & -2 \\ 3 & -3 & -2 & -1 \end{vmatrix}$ を第 1 列によって展開し，計算せよ．

補題 4.35 n 次正方行列 $A = (a_{ij})$ において s と t が異なるとき，第 s 列の成分と第 t 列の余因子について

$$a_{1s}A_{1t} + a_{2s}A_{2t} + \cdots + a_{ns}A_{nt} = \sum_{k=1}^{n} a_{ks}A_{kt} = 0$$

となる．すなわち定理 4.32 と合わせると

$$\sum_{k=1}^{n} a_{ks}A_{kt} = \begin{cases} |A| & (s = t) \\ 0 & (s \neq t) \end{cases} \tag{4.3}$$

となる．なお，この主張は行についても同様に，

$$\sum_{k=1}^{n} a_{sk}A_{tk} = \begin{cases} |A| & (s = t) \\ 0 & (s \neq t) \end{cases} \tag{4.4}$$

が成立する．

【証明】 例えば 3 次の正方行列 $A = (a_{ij})$ で第 2 列の成分と第 3 列の余因子の，対応する積の和を考える．行列 A において第 2 列はそのままで第 3 列を第 2 列に置き換えた行列を $B = (b_{ij})$ とおく．

$$B = \begin{pmatrix} b_{11} & b_{12} & b_{13} \\ b_{21} & b_{22} & b_{23} \\ b_{31} & b_{32} & b_{33} \end{pmatrix} = \begin{pmatrix} a_{11} & a_{12} & a_{12} \\ a_{21} & a_{22} & a_{22} \\ a_{31} & a_{32} & a_{32} \end{pmatrix}$$

B の第 2 列と第 3 列は等しいので $|B| = 0$ である．$|B|$ を第 3 列により展開すると

$$|B| = b_{13}B_{13} + b_{23}B_{23} + b_{33}B_{33} = a_{12}A_{13} + a_{22}A_{23} + a_{32}A_{33}$$

上の式で $B_{i3} = A_{i3}$ $(1 \leqq i \leqq 3)$ となるのは行列 A と行列 B の第 1 列と第 2 列が一致するためである．よって

$$a_{12}A_{13} + a_{22}A_{23} + a_{32}A_{33} = 0$$

となることがわかった． □

4.5 余因子行列

定義 4.36

n 次正方行列 $A = (a_{ij})$ において (i,j) 成分を A_{ji} とする行列を A の余因子行列といい，$\widetilde{A}$ と書く (A_{ji} において ij ではなく ji と順番が変わっていることに注意せよ)．

例えば，

$$A = \begin{pmatrix} a_{11} & a_{12} & a_{13} \\ a_{21} & a_{22} & a_{23} \\ a_{31} & a_{32} & a_{33} \end{pmatrix} \text{ のとき } \widetilde{A} = \begin{pmatrix} A_{11} & A_{21} & A_{31} \\ A_{12} & A_{22} & A_{32} \\ A_{13} & A_{23} & A_{33} \end{pmatrix}$$

である．

問題 4.37 $A = \begin{pmatrix} a & b \\ c & d \end{pmatrix}$ のとき $\widetilde{A}$ を求めよ．

定理 4.38

n 次正方行列 A の余因子行列を $\widetilde{A}$ とする．このとき
$$A\widetilde{A} = \widetilde{A}A = |A|E$$
が成立する．よって $|A| \neq 0$ のとき A は正則で
$$A^{-1} = \frac{1}{|A|}\widetilde{A}$$
となる．

【証明】 3次の正方行列で説明すると

$$\widetilde{A}A = \begin{pmatrix} A_{11} & A_{21} & A_{31} \\ A_{12} & A_{22} & A_{32} \\ A_{13} & A_{23} & A_{33} \end{pmatrix} \begin{pmatrix} a_{11} & a_{12} & a_{13} \\ a_{21} & a_{22} & a_{23} \\ a_{31} & a_{32} & a_{33} \end{pmatrix}$$

この積の対角成分，たとえば $(2,2)$ 成分は

$$a_{12}A_{12} + a_{22}A_{22} + a_{32}A_{32}$$

であるが，これは式 (4.3) より $|A|$ である．同様にすべての対角成分が $|A|$ となる．つぎに $(2,3)$ 成分は

$$a_{13}A_{12} + a_{23}A_{22} + a_{33}A_{32}$$

であるが，これも式 (4.3) より 0 である．このように対角成分以外の成分は 0 になる．よって $\widetilde{A}A = |A|E$ となる．同様に式 (4.4) より $A\widetilde{A} = |A|E$ が成り立つ． □

4.5 余因子行列

系 4.39 A を n 次正方行列とする．$|A| \neq 0$ のとき A の余因子行列 $\widetilde{A}$ の行列式は $|\widetilde{A}| = |A|^{n-1}$ である．

【証明】 $|A||\widetilde{A}| = |A\widetilde{A}| = |(|A|E)| = |A|^n$ の両辺を $|A|$ で割ればよい．
□

系 4.40 正方行列 A に対し

$$A \text{ は正則} \iff |A| \neq 0$$

が成立する．

【証明】 A が正則ならば $|A| \neq 0$ となることは命題 4.25 で注意している．逆に $|A| \neq 0$ のとき，定理 4.38 より A は正則である．
□

系 4.41 A を n 次正方行列とする．$|A| = 0$ のとき A の余因子行列 $\widetilde{A}$ の行列式は $|\widetilde{A}| = 0$ である．

【証明】 $\boldsymbol{A} = \boldsymbol{O}$ のとき．このときは $\widetilde{A}$ も零行列 O となり，$|\widetilde{A}| = 0$ である．
$\boldsymbol{A} \neq \boldsymbol{O}$ のとき．仮に $|\widetilde{A}| \neq 0$ とする．系 4.40 より $\widetilde{A}$ の逆行列 B が存在する．$A\widetilde{A} = |A|E = O$ の両辺に右から B を掛けると $(A\widetilde{A})B = O$．したがって

$$A = AE = A(\widetilde{A}B) = (A\widetilde{A})B = O$$

となるがこれは仮定 $A \neq O$ に反する．よって $|\widetilde{A}| = 0$ である．
□

例題 4.42 行列 $A = \begin{pmatrix} 2 & -1 & 0 \\ 2 & 0 & -1 \\ 0 & 1 & 2 \end{pmatrix}$ がある.

(1) A の余因子行列 $\widetilde{A}$ を求めよ.

(2) A の逆行列 A^{-1} を求めよ.

[解答] (1) $\widetilde{A} = \begin{pmatrix} A_{11} & A_{21} & A_{31} \\ A_{12} & A_{22} & A_{32} \\ A_{13} & A_{23} & A_{33} \end{pmatrix} = \begin{pmatrix} 1 & 2 & 1 \\ -4 & 4 & 2 \\ 2 & -2 & 2 \end{pmatrix}$

(2) $A^{-1} = \dfrac{1}{|A|}\widetilde{A} = \dfrac{1}{6}\begin{pmatrix} 1 & 2 & 1 \\ -4 & 4 & 2 \\ 2 & -2 & 2 \end{pmatrix}$

問題 4.43 行列 $A = \begin{pmatrix} 1 & -2 & 0 \\ 1 & -1 & 2 \\ -2 & 3 & 4 \end{pmatrix}$ の逆行列 A^{-1} を求めよ.

第5章 数ベクトル空間

5.1 数ベクトル空間

実数を成分とした n 次元数ベクトル全体を $\boldsymbol{R}^n$ で表し n 次元数ベクトル空間という．$\boldsymbol{R}^n$ のベクトルは，縦に書いた列ベクトルで表すことが多いが，場合によっては横に書いた行ベクトルと考えることもある．$\boldsymbol{R}^n$ では 2 次元または 3 次元の場合と同様に和と実数倍（スカラー倍）が定義される．$\boldsymbol{R}^n$ の元

$$\boldsymbol{a} = \begin{pmatrix} a_1 \\ \vdots \\ a_n \end{pmatrix}, \boldsymbol{b} = \begin{pmatrix} b_1 \\ \vdots \\ b_n \end{pmatrix}$$

に対し，$\boldsymbol{a}$ の大きさ $|\boldsymbol{a}|$ を

$$|\boldsymbol{a}| = \sqrt{a_1{}^2 + \cdots + a_n{}^2}$$

と定める．$|\boldsymbol{a}| \geqq 0$ であり $|\boldsymbol{a}| = 0 \iff \boldsymbol{a} = \boldsymbol{0}$ が成立する．また $\boldsymbol{a}$ と $\boldsymbol{b}$ の内積 $\boldsymbol{a} \cdot \boldsymbol{b}$ を

$$\boldsymbol{a} \cdot \boldsymbol{b} = a_1 b_1 + \cdots + a_n b_n$$

と定める．

■ 内積の基本性質

$\boldsymbol{R}^n$ のベクトルの内積においても 2 次元または 3 次元ベクトルの場合と同様に，次の基本性質が成立する．

a, a_1, a_2, b を $\mathbb{R}^n$ のベクトル，c を実数とするとき
(1) $a \cdot b = b \cdot a$
(2) $(a_1 + a_2) \cdot b = a_1 \cdot b + a_2 \cdot b$
(3) $(ca) \cdot b = a \cdot (cb) = c(a \cdot b)$
(4) $a \cdot a = |a|^2 \geqq 0$

また $a \cdot b = 0$ のとき a, b は直交するという．

命題 5.1

$$|a \cdot b| \leqq |a| \cdot |b| \tag{5.1}$$

$$|a + b| \leqq |a| + |b| \tag{5.2}$$

が成立する．

【証明】 式 (5.1) について．$a = 0$ のときは成立している．$a \neq 0$ のとき，任意の t に対して

$$|at + b|^2 = (at + b) \cdot (at + b) = a \cdot a\, t^2 + 2a \cdot b t + b \cdot b$$

である．上式の右辺を t の 2 次関数とみるとき，その値は任意の t に対して 0 以上となる．よって判別式 D は 0 以下となり

$$\frac{D}{4} = (a \cdot b)^2 - (a \cdot a)(b \cdot b) \leqq 0$$

より $(a \cdot b)^2 \leqq |a|^2 |b|^2$ が成立する．よって式 (5.1) が成立する．
式 (5.2) について．

$$|a + b|^2 = (a + b) \cdot (a + b) = a \cdot a + 2a \cdot b + b \cdot b$$
$$\leqq |a|^2 + 2|a||b| + |b|^2 = (|a| + |b|)^2$$

よって $|a + b|^2 \leqq (|a| + |b|)^2$ より $|a + b| \leqq |a| + |b|$ が成立する． □

例題 5.2 R^n のベクトル a, b が直交するならば,
$$|a+b|^2 = |a|^2 + |b|^2$$
が成り立つことを示せ.

[解答] $|a+b|^2 = (a+b)\cdot(a+b) = a\cdot a + 2a\cdot b + b\cdot b = |a|^2 + |b|^2$

問題 5.3 R^4 のベクトル $a = \begin{pmatrix} 1 \\ -1 \\ 3 \\ 2 \end{pmatrix}, b = \begin{pmatrix} 4 \\ 1 \\ 5 \\ -2 \end{pmatrix}$ に対し, 次のものを求めよ.

(1) $a - 2b$ (2) $a\cdot b$ (3) $|a|$

5.2　1次従属・1次独立

R^n のベクトル $a_1, \cdots, a_k$ に対し,
$$c_1 a_1 + \cdots + c_k a_k \quad (c_i \in R)$$
を $a_1, \cdots, a_k$ の **1次結合** という.

例 5.4 $a = \begin{pmatrix} 1 \\ 2 \end{pmatrix}, b = \begin{pmatrix} 2 \\ 1 \end{pmatrix}$ のとき $c = \begin{pmatrix} 4 \\ 5 \end{pmatrix}$ を a と b の1次結合で表すと $c = 2a + b$ となる.

ベクトル $a_1, \cdots, a_k$ の1次結合が 0 になるとき, すなわち
$$c_1 a_1 + \cdots + c_k a_k = 0 \tag{5.3}$$
となるとき, 式 (5.3) を $a_1, \cdots, a_k$ の間に成り立つ**1次関係**とい

う．$c_1 = c_2 = \cdots = c_k = 0$ ならば明らかに式 (5.3) が成り立つが，これを**自明な 1 次関係**という．

例 5.5 $a = \begin{pmatrix} 1 \\ 2 \end{pmatrix}, b = \begin{pmatrix} 2 \\ 1 \end{pmatrix}, c = \begin{pmatrix} 4 \\ 5 \end{pmatrix}$ の間には

$$2a + b - c = 0$$

という自明でない 1 次関係が成り立つ．

定義 5.6　1 次従属・1 次独立

ベクトル $a_1, \cdots, a_k$ に対し，自明でない 1 次関係

$$c_1 a_1 + \cdots + c_k a_k = 0$$

が成立するとき，$a_1, \cdots, a_k$ は **1 次従属**であるという．また 1 次従属でないとき **1 次独立**であるという．例 5.5 のベクトル a, b, c は 1 次従属である．

例 5.7 平面または空間の二つのベクトル $\{a, b\}$ がある．a, b を位置ベクトルとする点を A,B とする．次は同値である．
(1) 原点 O,A,B は一直線上にある (a, b は一直線上にある)．
(2) $\{a, b\}$ は 1 次従属である．

例 5.8 空間の三つのベクトル $\{a, b, c\}$ がある．a, b, c を位置ベクトルとする点を A,B,C とする．次は同値である．
(1) O,A,B,C は同一平面上にある (a, b, c は同一平面上にある)．
(2) $\{a, b, c\}$ は 1 次従属である．

例題 5.9 三つのベクトル $\begin{pmatrix} 1 \\ 0 \\ 0 \end{pmatrix}, \begin{pmatrix} 1 \\ 2 \\ 0 \end{pmatrix}, \begin{pmatrix} 1 \\ 2 \\ 3 \end{pmatrix}$ は 1 次独立であることを示せ．

［解答］ 1 次関係 $c_1 \begin{pmatrix} 1 \\ 0 \\ 0 \end{pmatrix} + c_2 \begin{pmatrix} 1 \\ 2 \\ 0 \end{pmatrix} + c_3 \begin{pmatrix} 1 \\ 2 \\ 3 \end{pmatrix} = \begin{pmatrix} 0 \\ 0 \\ 0 \end{pmatrix}$

を考える．これが自明な 1 次関係であることを言う．c_1, c_2, c_3 は次の連立 1 次方程式の解である．

$$\begin{cases} c_1 + c_2 + c_3 = 0 \\ 2c_2 + 2c_3 = 0 \\ 3c_3 = 0 \end{cases}$$

これを解くと $c_1 = 0, c_2 = 0, c_3 = 0$ となる．よって三つのベクトルは 1 次独立である．

問題 5.10 三つのベクトル $\begin{pmatrix} 1 \\ 0 \\ 1 \end{pmatrix}, \begin{pmatrix} 0 \\ 1 \\ 0 \end{pmatrix}, \begin{pmatrix} 0 \\ 0 \\ 1 \end{pmatrix}$ は 1 次独立であることを示せ．

問題 5.11 $\begin{pmatrix} 2 \\ 3 \\ x \end{pmatrix}$ が $\begin{pmatrix} 1 \\ 1 \\ 1 \end{pmatrix}$ と $\begin{pmatrix} 1 \\ -1 \\ 2 \end{pmatrix}$ の 1 次結合として表されるように x を定めよ．

5.3 部分空間

定義 5.12

$\boldsymbol{R}^n$ の空でない部分集合 W が和と実数倍について閉じているとき W を $\boldsymbol{R}^n$ の部分ベクトル空間,あるいは単に部分空間という.

例 5.13　$\{\boldsymbol{0}\}$ は $\boldsymbol{R}^n$ の最小の部分空間であり,$\boldsymbol{R}^n$ 自身は $\boldsymbol{R}^n$ の最大の部分空間である.

例 5.14　$\boldsymbol{a}$ を $\boldsymbol{0}$ でない 3 次元数ベクトルとする.このとき

$$W = \{t\boldsymbol{a} \;;\; t \in \boldsymbol{R}\}$$

は $\boldsymbol{R}^3$ の部分空間である.実際 W が和と実数倍について閉じていることは容易に確かめることができる.W に属するベクトルを位置ベクトルとする点全体は,原点を通り $\boldsymbol{a}$ を方向ベクトルとする直線である.

今後,点とその位置ベクトルを同一視して,例えば例 5.14 の場合,「W は原点を通る直線である」などと言うこともある.

例 5.15　$\boldsymbol{a}, \boldsymbol{b}$ を 3 次元ベクトルとする.このとき

$$W = \{s\boldsymbol{a} + t\boldsymbol{b} \;;\; s, t \in \boldsymbol{R}\}$$

は $\boldsymbol{R}^3$ の部分空間である.$\boldsymbol{a}, \boldsymbol{b}$ が一直線上にないとき ($\boldsymbol{a}, \boldsymbol{b}$ が 1 次独立のとき)W は原点を通る平面である.

5.3 部分空間

例 5.16 R^n の k 個のベクトル $a_1, \cdots, a_k$ を考える.

$$\{t_1 a_1 + \cdots + t_k a_k;\ t_1, \cdots, t_k \in R\}$$

は R^n の部分空間であるが，これを $a_1, \cdots, a_k$ で生成された部分空間といい,

$$\langle a_1, \cdots, a_k \rangle$$

と書く.

例 5.17 3 次元ベクトル $\begin{pmatrix} x_1 \\ x_2 \\ x_3 \end{pmatrix}$ で, $x_1 + x_2 + x_3 = 0$ をみたすもの全体を W とおくと W は和と実数倍で閉じているので, R^3 の部分空間である.

問題 5.18 $m \times n$ 行列 A に対し $A\boldsymbol{x} = \boldsymbol{0}$ をみたすベクトル $\boldsymbol{x}$ 全体は R^n の部分空間であることを示せ.
ヒント: $A\boldsymbol{x} = \boldsymbol{0}$ をみたすベクトル $\boldsymbol{x}$ の集合を W とする. W が和と実数倍で閉じていることを示す.

■ 部分空間の次元

R^n の部分空間 W の元 $a_1, \cdots, a_k$ がある. W の任意の元 b が $a_1, \cdots, a_k$ の 1 次結合として表されるとき, $a_1, \cdots, a_k$ は W を生成する, すなわち $W = \langle a_1, \cdots, a_n \rangle$ である.

定義 5.19 部分空間の基底

R^n の部分空間 W のベクトル $a_1, \cdots, a_k$ がある. これらが W を生成し, かつ 1 次独立であるとき $a_1, \cdots, a_k$ を W の基底という.

例題 5.20 $W = \boldsymbol{R}^3$ における 4 つのベクトル

$$\boldsymbol{a}_1 = \begin{pmatrix} 1 \\ 0 \\ 0 \end{pmatrix}, \ \boldsymbol{a}_2 = \begin{pmatrix} 0 \\ 1 \\ 0 \end{pmatrix}, \ \boldsymbol{a}_3 = \begin{pmatrix} 0 \\ 0 \\ 1 \end{pmatrix}, \ \boldsymbol{a}_4 = \begin{pmatrix} 1 \\ 1 \\ 1 \end{pmatrix}$$

を考える．次の (1),(2),(3) で基底となっているものはどれか．
(1) $\{\boldsymbol{a}_1, \boldsymbol{a}_2\}$ (2) $\{\boldsymbol{a}_1, \boldsymbol{a}_2, \boldsymbol{a}_3\}$ (3) $\{\boldsymbol{a}_1, \boldsymbol{a}_2, \boldsymbol{a}_3, \boldsymbol{a}_4\}$

[解答] この中で W を生成しているものは (2), (3) であり，1 次独立であるものは (1), (2) である．よって (2) が W の基底である．

$\boldsymbol{R}^n$ の基本ベクトル $\boldsymbol{e}_1, \cdots, \boldsymbol{e}_n$ は基底である．これを $\boldsymbol{R}^n$ の**標準基底**という．

命題 5.21 部分空間の次元

$\boldsymbol{R}^n$ の部分空間 W には基底が存在する．基底をなすベクトルの個数は，基底の選び方によらず W に対して一意的に定まる．

これを部分空間 W の**次元**といい，$\dim W$ で表す．

命題 5.21 の証明については，「あとがき」を参照してほしい．

第6章　行列の階数

6.1　行列の階数

定義 6.1
　行列 A に対する次の三つの操作を，行基本変形という．
(1) A の2つの行を入れ替える
(2) A のある行を c 倍する $(c \neq 0)$
(3) A のある行を c 倍して他の行に加える（c は任意）

階段行列に変形するところで行変形 (α), (β) を定義したが，正方行列の行列式は行変形 (α), (β) で変わらなかった．三つの行基本変形により，正方行列の行列式は変わることもあるが，行列式が 0 か 0 でないかは不変である．

定義 6.2
　行列 A に対する次の三つの操作を，列基本変形という．
(1) A の2つの列を入れ替える
(2) A のある列を c 倍する $(c \neq 0)$
(3) A のある列を c 倍して他の列に加える（c は任意）

行基本変形と同様に列基本変形によっても，その行列式が 0 か 0 でないかは不変である．行基本変形と列基本変形をあわせて基本変形という．なお，今後複数回の行基本変形を続けて行うときも，混乱のおそれがなければ単に「行基本変形」という．

命題 6.3

行基本変形で A から B へ変形できれば，逆に B から A へ行基本変形でもどすことができる．列基本変形についても同様である．

【証明】 定義 6.1 における行基本変形 (1), (2), (3) は可逆な操作，すなわち (1), (2), (3) を行ったあと，再び行基本変形でもとの行列にもどすことができる．よって B から A へ行基本変形で，もどすことができる．列基本変形についても同様である． □

定義 6.4　行基本変形に対応する行列

定義 6.1 における三つの行基本変形は適当な正則行列を左から掛けることによって実現できる（定義 4.20 参照）．よって行基本変形を続けて行う変形も，ある正則行列 D を左から掛けることにより実現できる．D は，それぞれの行基本変形に対応する行列の積とすればよい．D を行基本変形に対応する行列という．

階段行列の定義を再掲する．

定義 6.5

次のように行列に階段状に線を引く．ただしこの階段は 1 段ずつしか下がらない．このときちょうど階段が下がったところの成分（次の行列でいえば a_{12}, a_{23}, a_{35}）の位置を，ピボットという．

$$\begin{pmatrix} a_{11} & a_{12} & a_{13} & a_{14} & a_{15} \\ a_{21} & a_{22} & a_{23} & a_{24} & a_{25} \\ a_{31} & a_{32} & a_{33} & a_{34} & a_{35} \\ a_{41} & a_{42} & a_{43} & a_{44} & a_{45} \end{pmatrix}$$

このとき次の四つの条件を満たす行列を階段行列という.
(1) ピボットの位置にある成分は0ではない.
(2) ピボットの左にある成分はすべて0である.
(3) ピボットのない行の成分はすべて0である.
(4) ピボットの上にある成分はすべて0である.

さらにピボットの位置にある成分がすべて1の階段行列をピボットが1の階段行列という.

命題 6.6 任意の行列は行基本変形で,ピボットが1の階段行列に変形できる.

【証明】 命題4.17で,任意の行列は行変形 (α), (β) で階段行列に変形できることを示している.行変形 (α), (β) とは次の二つの変形であった.

(α) ある行を c 倍して他の行に加える.
(β) 二つの行を入れ替えて,どこかの行に -1 を掛ける.

ここで (α) は行基本変形の (3) であり, (β) は行基本変形の (1) と (2) を組み合わせて実現できる.よって行基本変形で任意の行列は階段行列に変形できる.さらに行基本変形の (2) を使えばピボットが1の階段行列に変形できる. □

■ 行と列のベクトルで生成された部分空間

命題 6.7 行列 A を行基本変形により，ピボットが 1 の階段行列 C に変形する．そのピボットの数を s とする．このとき A の行ベクトルで生成された部分空間の次元と A の列ベクトルで生成された部分空間の次元はともに s である．

証明は「あとがき」を参照のこと．

定義 6.8

行列 A がある．A の行ベクトルで生成された部分空間の次元を A の**階数**といい，$\mathrm{rank}\,A$ と書く．$\mathrm{rank}\,A$ は A の列ベクトルで生成された部分空間の次元でもあり，A をピボットが 1 の階段行列に変形したときのピボットの数でもある．

注意：行列 A を，行の基本変形によりピボットが 1 の階段行列に変形したとき，そのピボットの数が A に対して一意的に定まることは，これまでの考察からわかるが，さらにピボットが 1 の階段行列自体も A に対して一意的に定まることが知られている．

問題 6.9 次の行列を行基本変形でピボットが 1 の階段行列に変形し，階数を求めよ．

$$A = \begin{pmatrix} 1 & 0 & 1 \\ -3 & -1 & 2 \\ -11 & -4 & 9 \\ 12 & 5 & -13 \end{pmatrix}$$

命題 6.10 A を n 次正方行列とする．次は同値である．
(1) $\mathrm{rank}\, A = n$　(2) $|A| \neq 0$

【証明】 A を行基本変形でピボットが 1 の階段変形したとき，対角成分がすべてピボットになるための同値な条件が (1) と (2) である． □

6.2　消去法と逆行列

命題 6.11 A を n 次正則行列とする．A は行基本変形で単位行列に変形できる．このとき行った行基本変形に対応する行列を D とする (D については定義 6.4 参照)．次が成立する．
(1) $D = A^{-1}$
(2) 同じ行基本変形を n 次単位行列 E に行うと A^{-1} となる．

【証明】 (1) は $DA = E$ より成立する．(2) については
$$DE = D = A^{-1}$$
なので E に同じ行基本変形を行ったものが $D = A^{-1}$ であることがわかる (一般に任意の行列 n 次正方行列 B に対し，D に対応する行基本変形を行えば DB となることに注意せよ)． □

命題 6.11 を用いて逆行列を求める方法を**消去法**という．すなわち n 次正則行列 A が与えられたとする．n 次単位行列 E をその右に並べて $n \times 2n$ 行列 $(A|E)$ を考える (A と E の間の縦線は単なる区切りの線である)．

$(A|E)$ に行基本変形を行い A の部分が単位行列になるように変形する．このとき右側に逆行列 A^{-1} が表れる．

例 6.12 2 次の正則行列の場合

$A = \begin{pmatrix} 2 & 3 \\ -1 & 2 \end{pmatrix}$ の逆行列を消去法で求めよ．

[解答]

$$\left(\begin{array}{cc|cc} 2 & 3 & 1 & 0 \\ -1 & 2 & 0 & 1 \end{array}\right) \to \left(\begin{array}{cc|cc} 1 & 5 & 1 & 1 \\ -1 & 2 & 0 & 1 \end{array}\right) \text{ 2 行を 1 行に加える}$$

$$\to \left(\begin{array}{cc|cc} 1 & 5 & 1 & 1 \\ 0 & 7 & 1 & 2 \end{array}\right) \text{ 1 列を掃き出す}$$

$$\to \left(\begin{array}{cc|cc} 1 & 5 & 1 & 1 \\ 0 & 1 & \dfrac{1}{7} & \dfrac{2}{7} \end{array}\right) \text{ 2 行を 7 で割る}$$

$$\to \left(\begin{array}{cc|cc} 1 & 0 & \dfrac{2}{7} & -\dfrac{3}{7} \\ 0 & 1 & \dfrac{1}{7} & \dfrac{2}{7} \end{array}\right) \text{ 2 列を掃き出す}$$

よって $A^{-1} = \begin{pmatrix} \dfrac{2}{7} & -\dfrac{3}{7} \\ \dfrac{1}{7} & \dfrac{2}{7} \end{pmatrix}$

例 6.13 3 次の正則行列の場合

$A = \begin{pmatrix} 2 & 1 & 2 \\ 1 & -1 & 2 \\ -1 & -1 & 0 \end{pmatrix}$ の逆行列を消去法で求めよ．

[解答]

$$\begin{pmatrix} 2 & 1 & 2 & | & 1 & 0 & 0 \\ 1 & -1 & 2 & | & 0 & 1 & 0 \\ -1 & -1 & 0 & | & 0 & 0 & 1 \end{pmatrix} \rightarrow \begin{pmatrix} 1 & -1 & 2 & | & 0 & 1 & 0 \\ 2 & 1 & 2 & | & 1 & 0 & 0 \\ -1 & -1 & 0 & | & 0 & 0 & 1 \end{pmatrix}$$
1行と2行を入れ替える

$$\rightarrow \begin{pmatrix} 1 & -1 & 2 & | & 0 & 1 & 0 \\ 0 & 3 & -2 & | & 1 & -2 & 0 \\ 0 & -2 & 2 & | & 0 & 1 & 1 \end{pmatrix} \rightarrow \begin{pmatrix} 1 & -1 & 2 & | & 0 & 1 & 0 \\ 0 & 1 & 0 & | & 1 & -1 & 1 \\ 0 & -2 & 2 & | & 0 & 1 & 1 \end{pmatrix}$$
1列を掃き出す　　　　　3行を2行に加える

$$\rightarrow \begin{pmatrix} 1 & 0 & 2 & | & 1 & 0 & 1 \\ 0 & 1 & 0 & | & 1 & -1 & 1 \\ 0 & 0 & 2 & | & 2 & -1 & 3 \end{pmatrix} \rightarrow \begin{pmatrix} 1 & 0 & 2 & | & 1 & 0 & 1 \\ 0 & 1 & 0 & | & 1 & -1 & 1 \\ 0 & 0 & 1 & | & 1 & -\frac{1}{2} & \frac{3}{2} \end{pmatrix}$$
2列を掃き出す　　　　　3行を2で割る

$$\rightarrow \begin{pmatrix} 1 & 0 & 0 & | & -1 & 1 & -2 \\ 0 & 1 & 0 & | & 1 & -1 & 1 \\ 0 & 0 & 1 & | & 1 & -\frac{1}{2} & \frac{3}{2} \end{pmatrix}$$
3列を掃き出す

よって $A^{-1} = \begin{pmatrix} -1 & 1 & -2 \\ 1 & -1 & 1 \\ 1 & -\frac{1}{2} & \frac{3}{2} \end{pmatrix}$

問題 6.14 次の行列の逆行列を消去法で求めよ.

(1) $A = \begin{pmatrix} 1 & 2 \\ 3 & 4 \end{pmatrix}$, (2) $A = \begin{pmatrix} -1 & 1 & 0 \\ 1 & -1 & 1 \\ 0 & 1 & -1 \end{pmatrix}$

第7章 連立一次方程式

7.1 クラメルの公式

行列式は行や列で展開して計算できた．これを行列式の展開定理という．例えば3次の行列式を第1列で展開すると

$$|A| = \begin{vmatrix} a_{11} & a_{12} & a_{13} \\ a_{21} & a_{22} & a_{23} \\ a_{31} & a_{32} & a_{33} \end{vmatrix} = a_{11}A_{11} + a_{21}A_{21} + a_{31}A_{31} \quad (7.1)$$

となる．ここに A_{11}, A_{21}, A_{31} は A の第1列の余因子である．

補題 7.1 式 (7.1) において右辺の a_{11}, a_{21}, a_{31} をそれぞれ b_1, b_2, b_3 に置き換えると次が成立する．

$$|B| = \begin{vmatrix} b_1 & a_{12} & a_{13} \\ b_2 & a_{22} & a_{23} \\ b_3 & a_{32} & a_{33} \end{vmatrix} = b_1 A_{11} + b_2 A_{21} + b_3 A_{31} \quad (7.2)$$

注意：補題の主張は第1列に限らず，どの列でもどの行でも成立する．

【証明】 式 (7.2) では A の第1列を b_1, b_2, b_3 で置き換えた行列を B とした．二つの行列 A と B の第2列と第3列の成分は一致しているので A と B の第1列の余因子も一致する（第1列の余因子は第2列と第3列の成分を用いて計算することに注意せよ）．したがって A_{11}, A_{21}, A_{31} は B

の第 1 列の余因子でもある.すなわち式 (7.2) は $|B|$ を第 1 列で展開した式に他ならない. □

■ クラメルの公式

連立 1 次方程式

$$\begin{cases} a_{11}x_1 + a_{12}x_2 + a_{13}x_3 = b_1 \\ a_{21}x_1 + a_{22}x_2 + a_{23}x_3 = b_2 \\ a_{31}x_1 + a_{32}x_2 + a_{33}x_3 = b_3 \end{cases} \tag{7.3}$$

を考える.

$$A = \begin{pmatrix} a_{11} & a_{12} & a_{13} \\ a_{21} & a_{22} & a_{23} \\ a_{31} & a_{32} & a_{33} \end{pmatrix}, \ \boldsymbol{x} = \begin{pmatrix} x_1 \\ x_2 \\ x_3 \end{pmatrix}, \ \boldsymbol{b} = \begin{pmatrix} b_1 \\ b_2 \\ b_3 \end{pmatrix}$$

とおくと式 (7.3) は

$$A\boldsymbol{x} = \boldsymbol{b} \tag{7.4}$$

と書ける.行列 A を式 (7.3) の係数行列という.A が正則のとき式 (7.4) の両辺に A^{-1} を左から掛けると

$$A^{-1}A\boldsymbol{x} = \boldsymbol{x} = A^{-1}\boldsymbol{b} = \frac{1}{|A|}\widetilde{A}\boldsymbol{b}$$

すなわち

$$\begin{pmatrix} x_1 \\ x_2 \\ x_3 \end{pmatrix} = \frac{1}{|A|} \begin{pmatrix} A_{11} & A_{21} & A_{31} \\ A_{12} & A_{22} & A_{32} \\ A_{13} & A_{23} & A_{33} \end{pmatrix} \begin{pmatrix} b_1 \\ b_2 \\ b_3 \end{pmatrix}$$

となる.よって

$$\begin{pmatrix} x_1 \\ x_2 \\ x_3 \end{pmatrix} = \frac{1}{|A|} \begin{pmatrix} b_1 A_{11} + b_2 A_{21} + b_3 A_{31} \\ b_1 A_{12} + b_2 A_{22} + b_3 A_{32} \\ b_1 A_{13} + b_2 A_{23} + b_3 A_{33} \end{pmatrix}$$

よって

$$x_1 = \frac{\begin{vmatrix} \underline{b_1} & a_{12} & a_{13} \\ \underline{b_2} & a_{22} & a_{23} \\ \underline{b_3} & a_{32} & a_{33} \end{vmatrix}}{\begin{vmatrix} a_{11} & a_{12} & a_{13} \\ a_{21} & a_{22} & a_{23} \\ a_{31} & a_{32} & a_{33} \end{vmatrix}}, x_2 = \frac{\begin{vmatrix} a_{11} & \underline{b_1} & a_{13} \\ a_{21} & \underline{b_2} & a_{23} \\ a_{31} & \underline{b_3} & a_{33} \end{vmatrix}}{\begin{vmatrix} a_{11} & a_{12} & a_{13} \\ a_{21} & a_{22} & a_{23} \\ a_{31} & a_{32} & a_{33} \end{vmatrix}}, x_3 = \frac{\begin{vmatrix} a_{11} & a_{12} & \underline{b_1} \\ a_{21} & a_{22} & \underline{b_2} \\ a_{31} & a_{32} & \underline{b_3} \end{vmatrix}}{\begin{vmatrix} a_{11} & a_{12} & a_{13} \\ a_{21} & a_{22} & a_{23} \\ a_{31} & a_{32} & a_{33} \end{vmatrix}}$$

となる．これをクラメルの公式という．なおクラメルの公式の分子は補題 7.1 を用いて変形した．

クラメルの公式は，係数行列が正方行列でその行列式が 0 でないときに使用する．

例 7.2 次の連立方程式をクラメルの公式を用いて解け．

$$\begin{cases} 2x_1 + x_2 = 1 \\ 5x_1 - 2x_2 = 4 \end{cases}$$

[解答] 係数行列の行列式は $\begin{vmatrix} 2 & 1 \\ 5 & -2 \end{vmatrix} = -9$ で，0 ではないのでクラメルの公式を適用すると

$$x_1 = \frac{\begin{vmatrix} 1 & 1 \\ 4 & -2 \end{vmatrix}}{\begin{vmatrix} 2 & 1 \\ 5 & -2 \end{vmatrix}} = \frac{-6}{-9} = \frac{2}{3}, \; x_2 = \frac{\begin{vmatrix} 2 & 1 \\ 5 & 4 \end{vmatrix}}{\begin{vmatrix} 2 & 1 \\ 5 & -2 \end{vmatrix}} = \frac{3}{-9} = -\frac{1}{3}$$

となる．

例 7.3 次の連立方程式がある．クラメルの公式を用いて y を求めよ．

$$\begin{cases} x + 2y - 2z = 0 \\ 2x - y + 3z = 2 \\ 3x + 2z = -1 \end{cases}$$

(この例題のように変数が x, y, z となることもある．これらの変数は，それぞれクラメルの公式における変数の x_1, x_2, x_3 と対応している)．

[解答] 係数行列の行列式は $\begin{vmatrix} 1 & 2 & -2 \\ 2 & -1 & 3 \\ 3 & 0 & 2 \end{vmatrix} = 2$ で 0 ではないのでクラメルの公式が適用できる．よって

$$y = \frac{\begin{vmatrix} 1 & 0 & -2 \\ 2 & 2 & 3 \\ 3 & -1 & 2 \end{vmatrix}}{2} = \frac{23}{2}$$

問題 **7.4** 次の連立方程式をクラメルの公式を用いて解け．

$$\begin{cases} 2x - y = -1 \\ -4x + 3y = 4 \end{cases}$$

問題 **7.5** 次の連立方程式がある．クラメルの公式を用いて z を求めよ．

$$\begin{cases} x + y + 2z = 5 \\ 2x - y + z = -2 \\ x - 2y + z = -1 \end{cases}$$

7.2 消去法と連立1次方程式

$$\begin{cases} a_{11}x_1 + a_{12}x_2 + a_{13}x_3 = b_1 \\ a_{21}x_1 + a_{22}x_2 + a_{23}x_3 = b_2 \\ a_{31}x_1 + a_{32}x_2 + a_{33}x_3 = b_3 \end{cases} \tag{7.5}$$

において

$$A = \begin{pmatrix} a_{11} & a_{12} & a_{13} \\ a_{21} & a_{22} & a_{23} \\ a_{31} & a_{32} & a_{33} \end{pmatrix}, \boldsymbol{x} = \begin{pmatrix} x_1 \\ x_2 \\ x_3 \end{pmatrix}, \boldsymbol{b} = \begin{pmatrix} b_1 \\ b_2 \\ b_3 \end{pmatrix}$$

とおくと式 (7.5) は

$$A\boldsymbol{x} = \boldsymbol{b}$$

と表されることは前節で述べた通りである．行列

$$B = (A\ \boldsymbol{b}) = \begin{pmatrix} a_{11} & a_{12} & a_{13} & b_1 \\ a_{21} & a_{22} & a_{23} & b_2 \\ a_{31} & a_{32} & a_{33} & b_3 \end{pmatrix}$$

を連立方程式 (7.5) の**拡大係数行列**という．本節では拡大係数行列の左側の行列 A の部分をピボットが 1 の階段行列に変形する方法により，連立方程式を解く方法を解説する．これは消去法または掃き出し法と呼ばれる．

例題 7.6 次の連立方程式を消去法で解け．

$$\begin{cases} 2x + y + z = 2 \\ 4x + y + 3z = 2 \\ x - y + 7z = 3 \end{cases}$$

[解答]

$$\begin{pmatrix} 2 & 1 & 1 & 2 \\ 4 & 1 & 3 & 2 \\ 1 & -1 & 7 & 3 \end{pmatrix} \to \begin{pmatrix} 1 & -1 & 7 & 3 \\ 4 & 1 & 3 & 2 \\ 2 & 1 & 1 & 2 \end{pmatrix}$$ $(1,1)$ 成分を 1 に
するために
1 行と 3 行を交換

$$\to \begin{pmatrix} 1 & -1 & 7 & 3 \\ 0 & 5 & -25 & -10 \\ 0 & 3 & -13 & -4 \end{pmatrix}$$ 1 列を掃き出す

$$\to \begin{pmatrix} 1 & -1 & 7 & 3 \\ 0 & 1 & -5 & -2 \\ 0 & 3 & -13 & -4 \end{pmatrix}$$ $(2,2)$ 成分を 1 に
するために
2 行を 5 で割る

$$\to \begin{pmatrix} 1 & 0 & 2 & 1 \\ 0 & 1 & -5 & -2 \\ 0 & 0 & 2 & 2 \end{pmatrix}$$ 2 列を掃き出す

$$\to \begin{pmatrix} 1 & 0 & 2 & 1 \\ 0 & 1 & -5 & -2 \\ 0 & 0 & 1 & 1 \end{pmatrix}$$ $(3,3)$ 成分を 1 に
するために
3 行を 2 で割る

$$\to \begin{pmatrix} 1 & 0 & 0 & -1 \\ 0 & 1 & 0 & 3 \\ 0 & 0 & 1 & 1 \end{pmatrix}$$ 3 列を掃き出す

このように拡大係数行列の左側の A の部分が行の基本変形でピボットが 1 の階段行列に変形された.
ここで三つの行基本変形を再掲する.
(1) 2 つの行を入れ替える.
(2) ある行を c 倍する. ($c \neq 0$)
(3) 一つの行に他の行の c 倍を加える. (c は任意)

拡大係数行列に三つの行基本変形を行うことは，連立方程式に次の三つの変形を行うことに他ならない．
(1) 2つの式を入れ替える．
(2) ある式を c 倍する．$(c \neq 0)$
(3) 一つの式に他の式の c 倍を加える．（c は任意）

これらの操作を行っても，もとの連立方程式と同値な連立方程式が得られる．この例題の場合，最後の行列をみると，与えられた連立方程式はつぎのようになることがわかる．

$$\begin{cases} x & = -1 \\ y & = 3 \\ z = & 1 \end{cases}$$

これが連立方程式の解である．

あるいは次のように説明することもできる．A を行基本変形によりピボットが1の階段行列 B に変形する．その行基本変形に対応する行列を D とすると $DA = B$ である．$A\boldsymbol{x} = \boldsymbol{b}$ の両辺に左から D を掛けると

$$DA\boldsymbol{x} = D\boldsymbol{b} \quad \text{すなわち} \quad B\boldsymbol{x} = D\boldsymbol{b}$$

となるが，この $B\boldsymbol{x} = D\boldsymbol{b}$ が消去法によって変形された連立方程式である．

例題 7.7 次の連立方程式を消去法で解け.

$$\begin{cases} -x - y + z = -1 \\ 7x + 4y + 2z = 13 \\ y - 3z = -2 \end{cases}$$

［解答］

$$\begin{pmatrix} -1 & -1 & 1 & -1 \\ 7 & 4 & 2 & 13 \\ 0 & 1 & -3 & -2 \end{pmatrix} \rightarrow \begin{pmatrix} 1 & 1 & -1 & 1 \\ 7 & 4 & 2 & 13 \\ 0 & 1 & -3 & -2 \end{pmatrix}$$ 1 行に -1 を掛ける

$$\rightarrow \begin{pmatrix} 1 & 1 & -1 & 1 \\ 0 & -3 & 9 & 6 \\ 0 & 1 & -3 & -2 \end{pmatrix}$$ 1 列を掃き出す

$$\rightarrow \begin{pmatrix} 1 & 1 & -1 & 1 \\ 0 & 1 & -3 & -2 \\ 0 & 1 & -3 & -2 \end{pmatrix}$$ 2 行を -3 で割る

$$\rightarrow \begin{pmatrix} 1 & 0 & 2 & 3 \\ 0 & 1 & -3 & -2 \\ 0 & 0 & 0 & 0 \end{pmatrix}$$ 2 列を掃き出す

これでピボットが 1 の階段行列に変形された．連立方程式は

$$\begin{cases} x + 2z = 3 \\ y - 3z = -2 \\ 0 = 0 \end{cases}$$

となる．$z = c$ とおくと $x = -2c + 3, y = 3c - 2$（c は任意の数）となる．これが連立方程式の解である．

例題 7.8 次の連立方程式を消去法で解け．

$$\begin{cases} 2x - 3y - 5z = -4 \\ -x + 2y + z = 3 \\ -2x + y + 11z = 4 \end{cases}$$

［解答］

$$\begin{pmatrix} 2 & -3 & -5 & -4 \\ -1 & 2 & 1 & 3 \\ -2 & 1 & 11 & 4 \end{pmatrix} \rightarrow \begin{pmatrix} 1 & -1 & -4 & -1 \\ -1 & 2 & 1 & 3 \\ -2 & 1 & 11 & 4 \end{pmatrix}$$

2 行を 1 行に加える

$$\rightarrow \begin{pmatrix} 1 & -1 & -4 & -1 \\ 0 & 1 & -3 & 2 \\ 0 & -1 & 3 & 2 \end{pmatrix}$$

1 列を掃き出す

$$\rightarrow \begin{pmatrix} 1 & 0 & -7 & 1 \\ 0 & 1 & -3 & 2 \\ 0 & 0 & 0 & 4 \end{pmatrix}$$

2 列を掃き出す

連立方程式は $\begin{cases} x - 7z = 1 \\ y - 3z = 2 \\ 0 = 4 \end{cases}$ となるが，最後の $0 = 4$ は正しくない式である．これはこの連立方程式の解が存在しないことを意味する．

問題 7.9 次の連立 1 次方程式を，消去法で解け．

(1) $\begin{cases} x + 8y = 5 \\ 2x - 3y = -28 \end{cases}$
(2) $\begin{cases} 2x - y - 7z = 6 \\ x - y - 5z = 5 \\ -3x + y + 9z = -7 \end{cases}$

(3) $\begin{cases} 2x + y + 4z = 7 \\ x + y + 3z = 2 \\ 3x - y + z = 4 \end{cases}$

7.3 同次連立一次方程式

次の連立 1 次方程式

$$\begin{cases} a_{11}x_1 + a_{12}x_2 + \cdots + a_{1n}x_n = 0 \\ a_{21}x_1 + a_{22}x_2 + \cdots + a_{2n}x_n = 0 \\ \quad\quad\quad\quad\quad \vdots \\ a_{m1}x_1 + a_{m2}x_2 + \cdots + a_{mn}x_n = 0 \end{cases} \tag{7.6}$$

のように右辺がすべて 0 であるものを**同次連立 1 次方程式**という．

$$A = \begin{pmatrix} a_{11} & a_{12} & \cdots & a_{1n} \\ a_{21} & a_{22} & \cdots & a_{2n} \\ \vdots & \vdots & \ddots & \vdots \\ a_{m1} & a_{m2} & \cdots & a_{mn} \end{pmatrix}, \quad \boldsymbol{x} = \begin{pmatrix} x_1 \\ x_2 \\ \vdots \\ x_n \end{pmatrix}$$

とおくと式 (7.6) は $A\boldsymbol{x} = \boldsymbol{0}$ と表せる．$\boldsymbol{x} = \boldsymbol{0}$ は式 (7.6) の解であるが，これを同次連立一次方程式の**自明な解**という．式 (7.6) の解全体は問題 5.18 にあるように $\boldsymbol{R}^n$ の部分空間であり，これを同次連立一次方程式の**解空間**という．

命題 7.10 同次連立 1 次方程式 (7.6) において次は同値である．
(1) (7.6) は自明でない解をもつ．
(2) $n > \mathrm{rank}\, A$，すなわち A の列ベクトルは 1 次従属である．

【証明】 行列 A の列ベクトルを第 1 列から順に $\boldsymbol{p}_1, \boldsymbol{p}_2, \cdots, \boldsymbol{p}_n$ とする．式 (7.6) は

$$x_1 \boldsymbol{p}_1 + x_2 \boldsymbol{p}_2 + \cdots + x_n \boldsymbol{p}_n = \boldsymbol{0} \tag{7.7}$$

と表せる．式 (7.7) が自明でない解を持つということは，$\boldsymbol{p}_1, \boldsymbol{p}_2, \cdots, \boldsymbol{p}_n$ が 1 次従属であることを意味する．よって (1) と (2) は同値である． □

系 7.11 同次連立 1 次方程式 (7.6) において，係数行列 A が n 次の正方行列のとき，次は同値である．
(1) (7.6) は自明でない解を持つ．
(2) $|A| = 0$ である．

例題 7.12 次の同次連立 1 次方程式に自明でない解があれば求めよ．

$$\begin{cases} 3x + y - 9z = 0 \\ -2x - y + 7z = 0 \\ x \quad\quad - 2z = 0 \end{cases}$$

[解答] 係数行列の行列式を計算すると 0 である．よって系 7.11 より自明でない解を持つ．解を求めるために拡大係数行列を行の基本変形でピボットが 1 の階段行列に変形する．

$$\begin{pmatrix} 3 & 1 & -9 & 0 \\ -2 & -1 & 7 & 0 \\ 1 & 0 & -2 & 0 \end{pmatrix} \rightarrow \begin{pmatrix} 1 & 0 & -2 & 0 \\ -2 & -1 & 7 & 0 \\ 3 & 1 & -9 & 0 \end{pmatrix}$$

1 行と 3 行を交換する

$$\rightarrow \begin{pmatrix} 1 & 0 & -2 & 0 \\ 0 & -1 & 3 & 0 \\ 0 & 1 & -3 & 0 \end{pmatrix}$$

1 列を掃き出す

$$\rightarrow \begin{pmatrix} 1 & 0 & -2 & 0 \\ 0 & 1 & -3 & 0 \\ 0 & 1 & -3 & 0 \end{pmatrix}$$

2 行に -1 を掛ける

$$\rightarrow \begin{pmatrix} 1 & 0 & -2 & 0 \\ 0 & 1 & -3 & 0 \\ 0 & 0 & 0 & 0 \end{pmatrix}$$

2 列を掃き出す

よって連立 1 次方程式は $\begin{cases} x - 2z = 0 \\ y - 3z = 0 \end{cases}$ と同値であり，一般解は $z = c$（任意の数）とおいて $x = 2c,\ y = 3c,\ z = c$ となる．

問題 7.13 次の連立 1 次方程式に自明でない解があれば求めよ．

$$\begin{cases} x + y + 2z = 0 \\ x + 3y - 2z = 0 \\ 3x + 4y + 4z = 0 \end{cases}$$

問題 7.14 次の連立 1 次方程式が自明でない解を持つように k の値を定めよ．

$$\begin{cases} x + (k-1)y = 0 \\ 2x - 4y = 0 \end{cases}$$

7.4 解と階数

次の連立 1 次方程式

$$\begin{cases} a_{11}x_1 + a_{12}x_2 + \cdots + a_{1n}x_n = b_1 \\ a_{21}x_1 + a_{22}x_2 + \cdots + a_{2n}x_n = b_2 \\ \vdots \\ a_{m1}x_1 + a_{m2}x_2 + \cdots + a_{mn}x_n = b_m \end{cases} \tag{7.8}$$

を考える．式 (7.8) の係数行列を A とおく．また

$$\boldsymbol{x} = \begin{pmatrix} x_1 \\ x_2 \\ \vdots \\ x_n \end{pmatrix}, \quad \boldsymbol{b} = \begin{pmatrix} b_1 \\ b_2 \\ \vdots \\ b_n \end{pmatrix}$$

とおく．このとき式 (7.8) は $A\boldsymbol{x} = \boldsymbol{b}$ と表せるが，$A' = (A\ \boldsymbol{b})$ を拡大係数行列といった．式 (7.8) が解を持つということは A の列ベクトルの 1 次結合で $\boldsymbol{b}$ が表されるということである．このとき A の列ベクトルで生成された部分空間に $\boldsymbol{b}$ が含まれるので，A' の列ベクトルで生成された部分空間と A の列ベクトルで生成された部分空間は一致する．すなわち $\operatorname{rank} A = \operatorname{rank} A'$ となる．これが式 (7.8) が解を持つための条件である．よって次の補題が成立する．

補題 7.15 連立方程式 (7.8) が解を持つための必要十分条件は $\operatorname{rank} A = \operatorname{rank} A'$ となることである．

$A\boldsymbol{x} = \boldsymbol{b}$ が解 $\boldsymbol{c}$ を持つと仮定し，この解 $\boldsymbol{c}$ を固定して考える．同次連立方程式 $A\boldsymbol{x} = \boldsymbol{0}$ の解を $\boldsymbol{d}$ とすると $\boldsymbol{c} + \boldsymbol{d}$ は連立方程式 $A\boldsymbol{x} = \boldsymbol{b}$ の解となる．逆に $A\boldsymbol{x} = \boldsymbol{b}$ の任意の解を $\boldsymbol{c}'$ とすると $\boldsymbol{c}' - \boldsymbol{c}$ は同次連立方程式 $A\boldsymbol{x} = \boldsymbol{0}$ の解となる．よって $\boldsymbol{c}'$ は特殊解 $\boldsymbol{c}$ と同次連立方程式 $A\boldsymbol{x} = \boldsymbol{0}$ の解の和として表すことができる．よって $A\boldsymbol{x} = \boldsymbol{b}$ の解がただ一つであるかどうかは $A\boldsymbol{x} = \boldsymbol{0}$ の解が自明な解だけであるかどうかによって，すなわち A の列ベクトルが1次独立かどうかによって定まる．よって次の補題が成立する．

補題 7.16 連立方程式 $A\boldsymbol{x} = \boldsymbol{b}$ が解を持つと仮定する．このとき解がただ一つであるための必要十分条件は $n = \operatorname{rank} A$ である．

以上二つの補題をまとめると次の命題となる．

命題 7.17 連立1次方程式 $A\boldsymbol{x} = \boldsymbol{b}$ において A の列の個数を n とする．n は変数の個数でもある．また拡大係数行列を A' とする．このとき次が成立する．

(1) $A\boldsymbol{x} = \boldsymbol{b}$ は解を持たない $\Leftrightarrow \operatorname{rank} A' = \operatorname{rank} A + 1$
(2) $A\boldsymbol{x} = \boldsymbol{b}$ はただ一つの解を持つ $\Leftrightarrow \operatorname{rank} A' = \operatorname{rank} A = n$
(3) $A\boldsymbol{x} = \boldsymbol{b}$ は無数の解を持つ $\Leftrightarrow \operatorname{rank} A' = \operatorname{rank} A < n$

問題 7.18 7.2節の問題7.9における三つの連立方程式において係数行列と拡大係数行列の階数を求め，命題7.17が成立していることを確かめよ．

第8章　固有値と固有ベクトル

8.1　線形写像

　ものの集まりを**集合**という．実数全体，自然数全体，平面上の点全体などはいずれも集合である．一つの集合 A があるとき，A を構成する個々のものを，A の元あるいは**要素**という．x が A の元であることを $x \in A$ で表す．

　集合 A, B がある．A の各元に対して B の一つの元を対応させる規則を，集合 A から集合 B への**写像**という．T が集合 A から集合 B への写像であるとき，A の元 x に対して T によって決まる B の元を，x の T による**像**といい，$T(x)$ で表す．

　集合 A から集合 B への写像 T によって，A のすべての元と B のすべての元とが一対一にもれなく対応するとき，T を A と B のあいだの**一対一対応**という．

　集合 A から A 自身への写像を A の**変換**という．

　$\boldsymbol{R}^m$ から $\boldsymbol{R}^n$ への写像 T が次の二つの条件をみたすとき**線形写像**という．

(1) $T(\boldsymbol{x}+\boldsymbol{y}) = T(\boldsymbol{x}) + T(\boldsymbol{y}) \quad (\boldsymbol{x}, \boldsymbol{y} \in \boldsymbol{R}^m)$

(2) $T(\alpha \boldsymbol{x}) = \alpha T(\boldsymbol{x}) \quad (\alpha \in \boldsymbol{R},\ \boldsymbol{x} \in \boldsymbol{R}^m)$

例 8.1 A を $n \times m$ 行列とする．$\boldsymbol{x} \in \boldsymbol{R}^m$ に対し

$$T(\boldsymbol{x}) = A\boldsymbol{x}$$

により $\boldsymbol{R}^m$ から $\boldsymbol{R}^n$ への写像 T を定めると T は線形写像である．実際，線形写像の条件は

$$A(\boldsymbol{x}+\boldsymbol{y}) = A\boldsymbol{x}+A\boldsymbol{y}, \ A(\alpha\boldsymbol{x}) = \alpha A(\boldsymbol{x})$$

となり成立している．

補題 8.2 $\boldsymbol{R}^m$ から $\boldsymbol{R}^n$ への線形写像 S, T がある．$\{\boldsymbol{a}_1, \cdots, \boldsymbol{a}_m\}$ を $\boldsymbol{R}^m$ の基底とする．いま

$$S(\boldsymbol{a}_i) = T(\boldsymbol{a}_i) \quad (i=1,\cdots,m)$$

となるとき，線形写像 S と T は一致する．

【証明】 $\boldsymbol{R}^m$ の任意のベクトル $\boldsymbol{b}$ は $\boldsymbol{a}_1, \cdots, \boldsymbol{a}_m$ の 1 次結合で表される．それを

$$\boldsymbol{b} = c_1\boldsymbol{a}_1 + \cdots + c_n\boldsymbol{a}_m$$

とすると

$$\begin{aligned}
S(\boldsymbol{b}) &= S(c_1\boldsymbol{a}_1 + \cdots + c_n\boldsymbol{a}_m) \\
&= c_1 S(\boldsymbol{a}_1) + \cdots + c_n S(\boldsymbol{a}_m) \\
&= c_1 T(\boldsymbol{a}_1) + \cdots + c_n T(\boldsymbol{a}_m) \\
&= T(c_1\boldsymbol{a}_1 + \cdots + c_n\boldsymbol{a}_m) \\
&= T(\boldsymbol{b})
\end{aligned}$$

よって S と T は一致する． □

命題 8.3 $\boldsymbol{R}^m$ から $\boldsymbol{R}^n$ への任意の線形写像 T に対し

$$T(\boldsymbol{x}) = A\boldsymbol{x} \quad \boldsymbol{x} \in \boldsymbol{R}^m$$

となる $n \times m$ 行列 A が存在する．この行列 A を線形写像 T の表現行列という．線形写像にその表現行列を対応させることにより，$\boldsymbol{R}^m$ から $\boldsymbol{R}^n$ への線形写像全体と $n \times m$ 行列全体には 1 対 1 の対応がつけられる．

【証明】 $\boldsymbol{R}^m$ の基本ベクトルを $\boldsymbol{e}_1, \cdots, \boldsymbol{e}_m$ とする．いま n 次列ベクトル $T(\boldsymbol{e}_i)$ を i 列とする行列を A とおく．すなわち

$$A = (T(\boldsymbol{e}_1), \cdots, T(\boldsymbol{e}_m))$$

とおく．A は $n \times m$ 行列である．このとき $A\boldsymbol{e}_i$ は A の i 番目の列ベクトルなので

$$A\boldsymbol{e}_i = T(\boldsymbol{e}_i) \quad 1 \leqq i \leqq m$$

となる．よって補題 8.2 より

$$T(\boldsymbol{x}) = A\boldsymbol{x} \quad \boldsymbol{x} \in \boldsymbol{R}^m$$

となる． □

線形写像はベクトルをベクトルに移す写像であるが，点とその位置ベクトルを同一視することにより，点を点に移す写像と考えることもある．

例題 8.4 $\boldsymbol{R}^2$ の線形変換 T によって

$$\begin{pmatrix} 3 \\ -1 \end{pmatrix} \text{は} \begin{pmatrix} 2 \\ 1 \end{pmatrix} \text{に}, \begin{pmatrix} -4 \\ 2 \end{pmatrix} \text{は} \begin{pmatrix} -1 \\ 2 \end{pmatrix} \text{に移される}.$$

T の表現行列を求めよ．

［解答］ T の表現行列を A とすると

$$A \begin{pmatrix} 3 \\ -1 \end{pmatrix} = \begin{pmatrix} 2 \\ 1 \end{pmatrix}, \ A \begin{pmatrix} -4 \\ 2 \end{pmatrix} = \begin{pmatrix} -1 \\ 2 \end{pmatrix}$$

よって

$$A \begin{pmatrix} 3 & -4 \\ -1 & 2 \end{pmatrix} = \begin{pmatrix} 2 & -1 \\ 1 & 2 \end{pmatrix}$$

よって

$$A = \begin{pmatrix} 2 & -1 \\ 1 & 2 \end{pmatrix} \begin{pmatrix} 3 & -4 \\ -1 & 2 \end{pmatrix}^{-1} = \begin{pmatrix} \frac{3}{2} & \frac{5}{2} \\ 2 & 5 \end{pmatrix}$$

問題 8.5 線形変換 $T : \boldsymbol{R}^2 \to \boldsymbol{R}^2$ によって

$$\begin{pmatrix} 1 \\ 0 \end{pmatrix} \text{は} \begin{pmatrix} a \\ c \end{pmatrix} \text{に}, \begin{pmatrix} 0 \\ 1 \end{pmatrix} \text{は} \begin{pmatrix} b \\ d \end{pmatrix} \text{に移される}.$$

T の表現行列を求めよ．

問題 8.6　$\boldsymbol{R}^2$ の線形変換 T によって
$$\begin{pmatrix} -1 \\ 3 \end{pmatrix} \text{ は } \begin{pmatrix} 0 \\ 1 \end{pmatrix} \text{ に, } \begin{pmatrix} 1 \\ 1 \end{pmatrix} \text{ は } \begin{pmatrix} 2 \\ -4 \end{pmatrix} \text{ に移される.}$$
T の表現行列を求めよ.

問題 8.7　$\boldsymbol{R}^2$ において直線 $y = x$ に関して対称に移す線形変換 T の表現行列を求めよ.
ヒント：2 点 $(1, 0), (0, 1)$ が移される点を求める.

例題 8.8　$\boldsymbol{R}^2$ において原点のまわりに角 θ だけ回転する線形変換 T の表現行列を求めよ.

[解答]　原点のまわりの回転が，ベクトルの和と実数倍を保つという線形性をみたしていることは図形的に明らかである．2 点 $(1, 0)$ と $(0, 1)$ がどの点に移されるかを考える．点 $(1, 0)$ を原点を中心に角 θ だけ回転させると点 $(\cos\theta, \sin\theta)$ に移る．点 $(0, 1)$ は
$$\left(\cos\left(\theta + \frac{\pi}{2}\right), \sin\left(\theta + \frac{\pi}{2}\right)\right) = (-\sin\theta, \cos\theta)$$
に移る．よって T の表現行列は
$$\begin{pmatrix} \cos\theta & -\sin\theta \\ \sin\theta & \cos\theta \end{pmatrix}$$
となる．

問題 8.9　$\boldsymbol{R}^2$ において原点のまわりに $\dfrac{2}{3}\pi$ だけ回転する線形変換 T の表現行列を求めよ.

■ 線形写像によって移される図形

線形写像により図形がどのような図形に移されるかを考える.

例題 8.10 R^2 から R^2 への線形変換 T がある. T の表現行列が

$$\begin{pmatrix} 2 & -1 \\ 1 & 1 \end{pmatrix}$$

のとき, 直線 $2x + y = 4$ の移される図形の方程式を求めよ.

[解答] T により $\begin{pmatrix} x \\ y \end{pmatrix}$ が $\begin{pmatrix} x' \\ y' \end{pmatrix}$ に移されたとする.

$$\begin{pmatrix} x' \\ y' \end{pmatrix} = \begin{pmatrix} 2 & -1 \\ 1 & 1 \end{pmatrix} \begin{pmatrix} x \\ y \end{pmatrix}$$

より

$$\begin{pmatrix} x \\ y \end{pmatrix} = \begin{pmatrix} 2 & -1 \\ 1 & 1 \end{pmatrix}^{-1} \begin{pmatrix} x' \\ y' \end{pmatrix} = \frac{1}{3} \begin{pmatrix} 1 & 1 \\ -1 & 2 \end{pmatrix} \begin{pmatrix} x' \\ y' \end{pmatrix}$$

これより $x = \frac{1}{3}(x' + y'),\ y = \frac{1}{3}(-x' + 2y')$ となる. $2x + y = 4$ に代入すると $x' + 4y' = 12$ となる. よって答えは $x + 4y = 12$ となる.

問題 8.11 行列 $\begin{pmatrix} -1 & 2 \\ 2 & -3 \end{pmatrix}$ を表現行列とする線形変換で, 平面の次の図形はどんな図形に移されるか, その方程式を求めよ.

(1) 直線 : $3x - 2y = 5$　　(2)　円 : $x^2 + y^2 = 1$

■ 線形写像の像と核

定義 8.12 線形写像の像

T を $\boldsymbol{R}^m$ から $\boldsymbol{R}^n$ への線形写像とする．S を $\boldsymbol{R}^m$ の部分集合とするとき，

$$T(S) = \{T(\boldsymbol{x}); \boldsymbol{x} \in S\}$$

を S の T による像という．S が $\boldsymbol{R}^m$ の部分空間ならば，$T(S)$ は $\boldsymbol{R}^n$ の部分空間である．

定義 8.13 線形写像の核

T を $\boldsymbol{R}^m$ から $\boldsymbol{R}^n$ への線形写像とする．

$$\mathrm{Ker}(T) = \{\boldsymbol{x} \in \boldsymbol{R}^m; T(\boldsymbol{x}) = \boldsymbol{0}\}$$

を T の核という．$\mathrm{Ker}(T)$ は $\boldsymbol{R}^m$ の部分空間である．

次の命題 8.14 の証明はあとがきにまわした．なお $\boldsymbol{R}^n$ の部分空間 W の次元とは，W の基底のベクトルの個数のことであった．W の次元は $\dim W$ と表した．

命題 8.14 T を $\boldsymbol{R}^m$ から $\boldsymbol{R}^n$ への線形写像とする．また A を T の表現行列とする．次が成立する．
(1) $\mathrm{rank}\, A = \dim T(\boldsymbol{R}^m)$
(2) $\dim \mathrm{Ker}(T) + \dim T(\boldsymbol{R}^m) = m$

系 8.15 T を $\boldsymbol{R}^n$ から $\boldsymbol{R}^n$ への線形変換とする．T について次は同値である．
(1) T の表現行列 A は正則行列である．
(2) $T(\boldsymbol{R}^n) = \boldsymbol{R}^n$ (3) $\mathrm{Ker}(T) = \{\boldsymbol{0}\}$

問題 8.16 行列 $A = \begin{pmatrix} 3 & 1 & -9 \\ -2 & -1 & 7 \\ 1 & 0 & -2 \end{pmatrix}$ を表現行列とする線形変換 T がある．T の像と核の次元を求めよ．

ヒント：A は例題 **7.12** の連立方程式の係数行列である．まず A の階数を求めよ．

■ 線形写像の合成

定義 8.17 合成写像

$\boldsymbol{R}^l$ から $\boldsymbol{R}^m$ への線形写像 T と，$\boldsymbol{R}^m$ から $\boldsymbol{R}^n$ への線形写像 S がある．$\boldsymbol{R}^l$ から $\boldsymbol{R}^n$ への写像 $S \circ T$ を

$$\boldsymbol{x} \in \boldsymbol{R}^l \text{ に対し } S \circ T(\boldsymbol{x}) = S(T(\boldsymbol{x}))$$

と定める．これを S と T の合成写像という．

命題 8.18 線形写像 S, T の合成写像 $S \circ T$ は線形写像である．S, T の表現行列をそれぞれ A, B とするとき，積 AB が $S \circ T$ の表現行列である．

【証明】 主張が成り立つことは次の式からわかる．

$$S \circ T(\boldsymbol{x}) = S(B\boldsymbol{x}) = A(B\boldsymbol{x}) = (AB)\boldsymbol{x} \qquad \square$$

問題 8.19　$\boldsymbol{R}^2$ から $\boldsymbol{R}^2$ への線形変換 S, T の表現行列がそれぞれ
$$A = \begin{pmatrix} 1 & 2 \\ 0 & 3 \end{pmatrix}, \ B = \begin{pmatrix} 2 & -3 \\ -1 & 2 \end{pmatrix}$$
となっている．合成変換 $S \circ T$ の表現行列を求めよ．

例 8.20　xy 平面において原点のまわりの角 α の回転を T，角 β の回転を S とする．T と S の合成変換 $S \circ T$ は角 $\alpha + \beta$ の回転となる．その表現行列は
$$\begin{pmatrix} \cos\beta & -\sin\beta \\ \sin\beta & \cos\beta \end{pmatrix} \begin{pmatrix} \cos\alpha & -\sin\alpha \\ \sin\alpha & \cos\alpha \end{pmatrix} = \begin{pmatrix} \cos(\alpha+\beta) & -\sin(\alpha+\beta) \\ \sin(\alpha+\beta) & \cos(\alpha+\beta) \end{pmatrix}$$
である．これより三角関数の加法定理
$$\cos(\alpha+\beta) = \cos\alpha\cos\beta - \sin\alpha\sin\beta$$
$$\sin(\alpha+\beta) = \sin\alpha\cos\beta + \cos\alpha\sin\beta$$
が確認できる．

問題 8.7 でもみたように直線 $y = x$ に関して対称に移すという平面の線形変換 S の表現行列は $\begin{pmatrix} 0 & 1 \\ 1 & 0 \end{pmatrix}$ である．これを用いて次の問題に答えよ．

問題 8.21 xy 平面において原点のまわりの角 $\dfrac{\pi}{3}$ の回転を T, 直線 $y = x$ に関して対称に移す変換を S とする．合成変換 $S \circ T$ の表現行列を求めよ．

$\boldsymbol{R}^n$ から $\boldsymbol{R}^n$ への線形変換 I が

$$I(\boldsymbol{x}) = \boldsymbol{x} \quad (\boldsymbol{x} \in \boldsymbol{R}^n)$$

を満たすとき，I を**恒等変換**という．恒等変換 I の表現行列は単位行列 E である．

$\boldsymbol{R}^n$ から $\boldsymbol{R}^n$ への線形変換 S がある．S の表現行列 A が正則行列であるとき，A^{-1} を表現行列とする線形変換を S の**逆変換**といい，S^{-1} で表す．$S \circ S^{-1}$ と $S^{-1} \circ S$ はともに恒等変換である．

問題 8.22 $\begin{pmatrix} x_1 \\ x_2 \\ x_3 \end{pmatrix}$ を $\begin{pmatrix} x_1 \\ x_1 + x_2 \\ x_1 + x_2 + x_3 \end{pmatrix}$ に移す線形変換 T の逆変換 T^{-1} の表現行列を求めよ．

例題 8.23 xy 平面に点 $\mathrm{P}(\cos\theta, \sin\theta)$ がある．直線 OP に関して対称に移す平面の線形変換 T の表現行列は $\begin{pmatrix} \cos 2\theta & \sin 2\theta \\ \sin 2\theta & -\cos 2\theta \end{pmatrix}$ である．

[解答] 点 $\mathrm{A}(1,0)$ を原点のまわりに θ 回転させると点 P に移る．さらに θ 回転させた点 B が，直線 OP に関して A と対称な点である．すなわち B は A を原点の回りに 2θ 回転した点である．よって B の座標は

$(\cos 2\theta, \ \sin 2\theta)$ である．

また点 C$(0,1)$ を $-\dfrac{\pi}{2}+\theta$ 回転させると P に移る．この回転角を 2 倍にして C を

$$2\left(-\frac{\pi}{2}+\theta\right) = -\pi + 2\theta$$

回転させた点 D が直線 OP に関して C と対称な点である．D の座標を (x,y) とおくと

$$\begin{pmatrix} x \\ y \end{pmatrix} = \begin{pmatrix} \cos(-\pi+2\theta) & -\sin(-\pi+2\theta) \\ \sin(-\pi+2\theta) & \cos(-\pi+2\theta) \end{pmatrix} \begin{pmatrix} 0 \\ 1 \end{pmatrix}$$

$$= \begin{pmatrix} -\sin(-\pi+2\theta) \\ \cos(-\pi+2\theta) \end{pmatrix} = \begin{pmatrix} \sin 2\theta \\ -\cos 2\theta \end{pmatrix}$$

よって T の表現行列は $\begin{pmatrix} \cos 2\theta & \sin 2\theta \\ \sin 2\theta & -\cos 2\theta \end{pmatrix}$ である．

8.2 固有値

定義 8.24

正方行列 A がある．

$$A\boldsymbol{x} = \lambda \boldsymbol{x} \quad (\boldsymbol{x} \neq \boldsymbol{0}) \tag{8.1}$$

となるベクトル $\boldsymbol{x}$ が存在するとき，λ を A の固有値という．また $\boldsymbol{x}$ を固有値 λ に対する固有ベクトルという．$\boldsymbol{x}$ が λ に対する固有ベクトルならば $c\boldsymbol{x}$ $(c \neq 0)$ もまた λ に対する固有ベクトルである．

例 8.25

$$\begin{pmatrix} 1 & 3 \\ 4 & 2 \end{pmatrix} \begin{pmatrix} -1 \\ 1 \end{pmatrix} = \begin{pmatrix} 2 \\ -2 \end{pmatrix} = -2 \begin{pmatrix} -1 \\ 1 \end{pmatrix}$$

より -2 は行列 $\begin{pmatrix} 1 & 3 \\ 4 & 2 \end{pmatrix}$ の固有値でベクトル $\begin{pmatrix} -1 \\ 1 \end{pmatrix}$ は固有値 -2 に対する固有ベクトルである．

命題 8.26 A の固有値は方程式 $|xE - A| = 0$ の解である．

【証明】 式 (8.1) を変形していく．

$$\lambda \boldsymbol{x} - A\boldsymbol{x} = \boldsymbol{0}$$

$$\lambda E \boldsymbol{x} - A\boldsymbol{x} = \boldsymbol{0}$$

$$(\lambda E - A)\boldsymbol{x} = \boldsymbol{0}$$

よって式 (8.1) をみたす $\boldsymbol{x}$ が存在するということは，同次連立 1 次方程式 $(\lambda E - A)\boldsymbol{x} = \boldsymbol{0}$ が自明でない解を持つということである．よって系 7.11 より $|\lambda E - A| = 0$ となる．すなわち λ は $|xE - A| = 0$ の解である． □

x の多項式 $|xE - A|$ を A の**固有多項式**，方程式 $|xE - A| = 0$ を A の**固有方程式**という．

例題 8.27 次の行列（例 8.25 の行列）の固有値を求めよ．

$$A = \begin{pmatrix} 1 & 3 \\ 4 & 2 \end{pmatrix}$$

[解答]

$$|xE - A| = \begin{vmatrix} x-1 & -3 \\ -4 & x-2 \end{vmatrix}$$

$$= (x-1)(x-2) - 12$$

$$= x^2 - 3x - 10 = (x-5)(x+2)$$

よって A の固有値は $5, -2$ である.

例題 8.28 次の行列の固有値を求めよ.

$$A = \begin{pmatrix} 0 & -6 & 4 \\ -2 & -1 & 2 \\ -2 & -6 & 6 \end{pmatrix}$$

[解答]

$$|xE - A| = \begin{vmatrix} x & 6 & -4 \\ 2 & x+1 & -2 \\ 2 & 6 & x-6 \end{vmatrix}$$

$$= x(x+1)(x-6) + 8x + 8$$

$$= (x+1)(x-2)(x-4)$$

よって A の固有値は $-1, 2, 4$ である.

問題 8.29 次の行列の固有値を求めよ.

(1) $\begin{pmatrix} 5 & 1 \\ 2 & 4 \end{pmatrix}$ (2) $\begin{pmatrix} -2 & 2 \\ 2 & 1 \end{pmatrix}$ (3) $\begin{pmatrix} 6 & -1 & 4 \\ 1 & -2 & -2 \\ -2 & 3 & 2 \end{pmatrix}$

問題 8.30 成分が実数である 2 次対称行列を A とする．A の固有値は実数であることを示せ．

ヒント：固有方程式の $f(x) = 0$ の判別式が 0 以上であることを示す．あるいは A の対角成分を a, c とするとき $f(a) = f(c) \leqq 0$ を用いてグラフ $y = f(x)$ は x 軸と共有点を持つことを示す．

注意：本書では特に断らない限り行列は実数を成分とする行列としているが，問題 8.30 は固有値が実数であることを示す問題なので，あえて A の成分は実数であるという語句を加えた．なお成分が実数である n 次対称行列の固有値はすべて実数であることがわかっている．

8.3 固有ベクトル

$A\boldsymbol{x} = \lambda \boldsymbol{x}$ は命題 8.26 の証明でも計算しているように

$$(\lambda E - A)\boldsymbol{x} = \boldsymbol{0}$$

と変形される．すなわち固有値 λ に対する固有ベクトルは同次連立 1 次方程式 $(\lambda E - A)\boldsymbol{x} = \boldsymbol{0}$ の自明でない解である．

例題 8.31 次の行列（例 8.27 の行列）の固有値 $5, -2$ に対する固有ベクトルを求めよ．

$$A = \begin{pmatrix} 1 & 3 \\ 4 & 2 \end{pmatrix}$$

[解答] $\lambda = 5$ に対する固有ベクトルを求める．求める固有ベクトルを $\begin{pmatrix} x_1 \\ x_2 \end{pmatrix}$ とおくと $(5E - A)\bm{x} = \bm{0}$ より

$$\begin{pmatrix} 4 & -3 \\ -4 & 3 \end{pmatrix} \begin{pmatrix} x_1 \\ x_2 \end{pmatrix} = \begin{pmatrix} 0 \\ 0 \end{pmatrix}$$

より $4x_1 - 3x_2 = 0$ となる．$x_2 = c$ とおくと $x_1 = \dfrac{3}{4}c$ より 5 に対する固有ベクトルは

$$\begin{pmatrix} x_1 \\ x_2 \end{pmatrix} = \begin{pmatrix} \dfrac{3}{4}c \\ c \end{pmatrix} = c \begin{pmatrix} \dfrac{3}{4} \\ 1 \end{pmatrix} \quad \text{ただし } c \neq 0$$

となる．なお $\dfrac{x_2}{4} = c$ とおいて

$$\begin{pmatrix} x_1 \\ x_2 \end{pmatrix} = \begin{pmatrix} 3c \\ 4c \end{pmatrix} = c \begin{pmatrix} 3 \\ 4 \end{pmatrix} \quad \text{ただし } c \neq 0$$

としてもよい．

-2 に対する固有ベクトルは同様に計算して

$$c \begin{pmatrix} -1 \\ 1 \end{pmatrix} \quad \text{ただし } c \neq 0$$

が固有値 -2 に対する固有ベクトルである．

例題 8.32 次の行列 A(例題 8.28 の行列) の固有値 -1 に対する固有ベクトルを求めよ．

$$A = \begin{pmatrix} 0 & -6 & 4 \\ -2 & -1 & 2 \\ -2 & -6 & 6 \end{pmatrix}$$

[解答] 例題 8.28 でみたように -1 は A の固有値の一つであった．-1 に対する固有ベクトル $\boldsymbol{x}$ は同次連立 1 次方程式 $(-E-A)\boldsymbol{x} = \boldsymbol{0}$ の自明でない解である．掃き出し法により同次連立次方程式の拡大係数行列

$$\begin{pmatrix} -1 & 6 & -4 & 0 \\ 2 & 0 & -2 & 0 \\ 2 & 6 & -7 & 0 \end{pmatrix}$$

をピボットが 1 の階段行列に変形すると（計算は省略）

$$\begin{pmatrix} 1 & 0 & -1 & 0 \\ 0 & 1 & -\dfrac{5}{6} & 0 \\ 0 & 0 & 0 & 0 \end{pmatrix}$$

となる．よって連立方程式は次のように変形される．

$$\begin{cases} x_1 - x_3 = 0 \\ x_2 - \dfrac{5}{6}x_3 = 0 \end{cases}$$

$x_3 = c$ とおくと

$$\begin{pmatrix} x_1 \\ x_2 \\ x_3 \end{pmatrix} = c \begin{pmatrix} 1 \\ \dfrac{5}{6} \\ 1 \end{pmatrix} \quad \text{ただし } c \neq 0$$

が固有値 -1 に対する固有ベクトルである．なお $\dfrac{x_3}{6} = c$ とおいて

$$c \begin{pmatrix} 6 \\ 5 \\ 6 \end{pmatrix} \quad \text{ただし } c \neq 0$$

としても良い．

問題 8.33 次の行列の固有値と固有ベクトルを求めよ．

(1) $\begin{pmatrix} -3 & 2 \\ 1 & -2 \end{pmatrix}$
(2) $\begin{pmatrix} 2 & 8 \\ 2 & -4 \end{pmatrix}$

問題 8.34 1 は次の行列の固有値であることが，わかっている．1 に対する固有ベクトルを求めよ．

$$\begin{pmatrix} 3 & -1 & -5 \\ -2 & 1 & 4 \\ 2 & 1 & -2 \end{pmatrix}$$

8.4 行列の対角化

定義 8.35 対角化可能

正方行列 A がある．$P^{-1}AP$ が対角行列となるような正則行列 P が存在するとき，「A は P により**対角化可能である**」という．

命題 8.36 n 次正方行列 A に対し，次の 2 つの条件は同値である．
(1) A はある正則行列 P により対角化可能である．
(2) A の 1 次独立な n 個の固有ベクトルが存在する．

【証明】 **(1) ⇒ (2)**：$P = (\boldsymbol{p}_1 \cdots \boldsymbol{p}_n)$ とおく．$P^{-1}AP = B$ の対角成分を左上から順に $\alpha_1, \cdots, \alpha_n$ とすると $AP = PB$ より

$$A(\boldsymbol{p}_1 \cdots \boldsymbol{p}_n) = (\boldsymbol{p}_1 \cdots \boldsymbol{p}_n) \begin{pmatrix} \alpha_1 & \cdots & 0 \\ \vdots & \ddots & \vdots \\ 0 & \cdots & \alpha_n \end{pmatrix}$$

すなわち

$$(A\boldsymbol{p}_1 \cdots A\boldsymbol{p}_n) = (\alpha_1 \boldsymbol{p}_1 \cdots \alpha_n \boldsymbol{p}_n)$$

より $A\boldsymbol{p}_i = \alpha_i \boldsymbol{p}_i$ である.よって $\boldsymbol{p}_i$ は固有値 α_1 に対する固有ベクトルである.P は正則なので列ベクトル全体は 1 次独立であり (1) $\Rightarrow$ (2) が証明された.

(2) $\Rightarrow$ (1):A の 1 次独立な n 個の固有ベクトルを並べた行列を P とおく.1 次独立性より P は正則となり $P^{-1}AP$ は固有値が対角線上に並ぶ対角行列となることが上記と同様の計算で確認できる. □

命題 8.37 行列 A の異なる固有値に対する固有ベクトルは 1 次独立である.すなわち $\lambda_1, \cdots, \lambda_k$ を A の異なる固有値とする.またこれらに対応する固有ベクトルを $\boldsymbol{x}_1, \cdots, \boldsymbol{x}_k$ とする.このとき $\boldsymbol{x}_1, \cdots, \boldsymbol{x}_k$ は 1 次独立である.

【証明】 固有ベクトルの個数 k に関する数学的帰納法で証明する.
$k = 1$ のとき. 固有ベクトル $\boldsymbol{x}_1$ は零ベクトル $\boldsymbol{0}$ ではないので $\{\boldsymbol{x}_1\}$ は 1 次独立である.
$k > 1$ のとき. 1 次関係

$$c_1 \boldsymbol{x}_1 + c_2 \boldsymbol{x}_2 + \cdots + c_k \boldsymbol{x}_k = \boldsymbol{0} \tag{8.2}$$

があったとする.これが自明な 1 次関係であることをいえば良い.式 (8.2) の両辺に A を掛けると

$$c_1 A\boldsymbol{x}_1 + c_2 A\boldsymbol{x}_2 + \cdots + c_k A\boldsymbol{x}_k = A\boldsymbol{0}$$

$$c_1 \lambda_1 \boldsymbol{x}_1 + c_2 \lambda_2 \boldsymbol{x}_2 + \cdots + c_k \lambda_k \boldsymbol{x}_k = \boldsymbol{0}$$

となる．つぎに (8.2) の両辺に λ_1 を掛けると

$$c_1 \lambda_1 \boldsymbol{x}_1 + c_2 \lambda_1 \boldsymbol{x}_2 + \cdots + c_k \lambda_1 \boldsymbol{x}_k = \boldsymbol{0}$$

となる．辺々引くと

$$c_2(\lambda_2 - \lambda_1)\boldsymbol{x}_2 + \cdots + c_k(\lambda_k - \lambda_1)\boldsymbol{x}_k = \boldsymbol{0} \qquad (8.3)$$

となる．帰納法の仮定より $\boldsymbol{x}_2, \cdots, \boldsymbol{x}_k$ は 1 次独立なので式 (8.3) は自明な 1 次関係である．すなわち

$$c_2(\lambda_2 - \lambda_1) = 0, \cdots, c_k(\lambda_k - \lambda_1) = 0$$

となる．ここで固有値はすべて異なるので

$$\lambda_2 - \lambda_1 \neq 0, \cdots, \lambda_k - \lambda_1 \neq 0$$

となる．よって $c_2 = 0, \cdots, c_k = 0$ であり，さらに $c_1 = 0$ となることもわかる．よって式 (8.2) は自明な 1 次関係である． □

系 8.38 n 次正方行列 A の固有方程式が n 個の異なる解を持つとき，A は対角化可能である．

例題 8.39 次の行列 (例題 8.31 参照) を適当な正則行列 P により対角化せよ．

$$A = \begin{pmatrix} 1 & 3 \\ 4 & 2 \end{pmatrix}$$

[解答] 例題 8.31 で計算したように行列 A の固有値は $5, -2$ である．それぞれの固有値に対する固有ベクトルは 1 次独立なのでこれを並べて正則行列 P を作ればよい．例題 8.31 よりそれらの固有ベクトルとして

$$\boldsymbol{p}_1 = \begin{pmatrix} 3 \\ 4 \end{pmatrix}, \quad \boldsymbol{p}_2 = \begin{pmatrix} -1 \\ 1 \end{pmatrix}$$

をとる．

$$P = (\boldsymbol{p}_1 \boldsymbol{p}_2) = \begin{pmatrix} 3 & -1 \\ 4 & 1 \end{pmatrix}$$

とおくと

$$P^{-1}AP = \begin{pmatrix} 5 & 0 \\ 0 & -2 \end{pmatrix}$$

となる（第 1 列の固有ベクトル $\boldsymbol{p}_1$ と対角化された行列の $(1,1)$ 成分の固有値 5，第 2 列の固有ベクトル $\boldsymbol{p}_2$ と対角化された行列の $(1,1)$ 成分の固有値 -2 が対応している．例えば行列 P の第 1 列と第 2 列を入れ替えれば，対角行列の 5 と -2 が入れ替わる）．

問題 8.40 次の行列を対角化せよ．（問題 8.33 の結果を利用せよ）．

(1) $\begin{pmatrix} -3 & 2 \\ 1 & -2 \end{pmatrix}$ (2) $\begin{pmatrix} 2 & 8 \\ 2 & -4 \end{pmatrix}$

■ 対称行列の対角化

定義 8.41 直交行列
正方行列 A が ${}^tA = A^{-1}$ を満たすとき A を直交行列という．

命題 8.42 n 次正方行列 $A = (\boldsymbol{p}_1 \cdots \boldsymbol{p}_n)$ について次は同値である．

(1) A は直交行列である．

(2) $\boldsymbol{p}_i \cdot \boldsymbol{p}_j = \begin{cases} 1 & (i = j \text{ のとき}) \\ 0 & (i \neq j \text{ のとき}) \end{cases}$

(3) A の各列ベクトルは大きさが 1 で互いに直交している．

【証明】 (1) $\Rightarrow$ (2)． ${}^tA = \begin{pmatrix} {}^t\boldsymbol{p}_1 \\ \vdots \\ {}^t\boldsymbol{p}_n \end{pmatrix}$ より ${}^tAA$ の (i,j) 成分は ${}^t\boldsymbol{p}_i \boldsymbol{p}_j$ である．これは内積 $\boldsymbol{p}_i \cdot \boldsymbol{p}_j$ に他ならず，よって (2) が成立する．

(3) は (2) を言い換えたものである． □

例 8.43 A が 2 次正方行列のとき命題 8.42 が成り立つことを実際に確かめてみる．$A = \begin{pmatrix} a & b \\ c & d \end{pmatrix}$ とすると

$${}^tAA = \begin{pmatrix} a & c \\ b & d \end{pmatrix} \begin{pmatrix} a & b \\ c & d \end{pmatrix} = \begin{pmatrix} a^2 + c^2 & ab + cd \\ ab + cd & b^2 + d^2 \end{pmatrix}$$

である．よって ${}^tAA = E$ となるのは

$$a^2 + c^2 = 1, \quad b^2 + d^2 = 1, \quad ab + cd = 0$$

のときであるが，これは A の各列ベクトルは大きさが 1 で互いに直交していることを意味している．

問題 8.44 行列 $\begin{pmatrix} a & \dfrac{1}{2} \\ -\dfrac{1}{2} & b \end{pmatrix}$ が直交行列となるよう a, b を定めよ．

$1 = |E| = |{}^t\!AA| = |{}^t\!A||A| = |A|^2$ より，直交行列の行列式は 1 または -1 であることがわかる．さらに 2 次の直交行列の場合，次の命題が成立する．

命題 8.45 2 次の直交行列は回転（行列式が 1 のとき）または線対称（行列式が -1 のとき）の線形変換の表現行列である．

【証明】 直交行列 $P = (\boldsymbol{p}_1 \boldsymbol{p}_2)$ の列ベクトルは大きさが 1 なので $\boldsymbol{p}_1$ と x 軸の正の方向とのなす角を θ とおくと

$$\boldsymbol{p}_1 = \begin{pmatrix} \cos\theta \\ \sin\theta \end{pmatrix}$$

となる．$\boldsymbol{p}_1$ に直交し大きさが 1 のベクトルは

$$\begin{pmatrix} \cos(\theta + \dfrac{\pi}{2}) \\ \sin(\theta + \dfrac{\pi}{2}) \end{pmatrix} = \begin{pmatrix} -\sin\theta \\ \cos\theta \end{pmatrix}, \quad \begin{pmatrix} \cos(\theta - \dfrac{\pi}{2}) \\ \sin(\theta - \dfrac{\pi}{2}) \end{pmatrix} = \begin{pmatrix} \sin\theta \\ -\cos\theta \end{pmatrix}$$

の 2 つが考えられる．

$$\boldsymbol{p}_2 = \begin{pmatrix} -\sin\theta \\ \cos\theta \end{pmatrix} \quad \text{のとき} \quad P = \begin{pmatrix} \cos\theta & -\sin\theta \\ \sin\theta & \cos\theta \end{pmatrix}$$

は角 θ の回転変換の表現行列であり（例題 8.8 参照），

$$\boldsymbol{p}_2 = \begin{pmatrix} \sin\theta \\ -\cos\theta \end{pmatrix} \quad \text{のとき} \quad P = \begin{pmatrix} \cos\theta & \sin\theta \\ \sin\theta & -\cos\theta \end{pmatrix}$$

は原点を通り x 軸の正の方向とのなす角が $\dfrac{\theta}{2}$ の直線に関する対称変換の表現行列である（例題 8.23 参照）. □

定義 8.46　ベクトルの正規化

ベクトル $\boldsymbol{a}(\neq \boldsymbol{0})$ の向きはそのままにして大きさだけを 1 にすることをベクトルの正規化という．正規化するためには，そのベクトルの大きさで割ればよい．すなわち $\boldsymbol{a}$ を正規化したベクトルは $\dfrac{\boldsymbol{a}}{|\boldsymbol{a}|}$ である．

問題 8.47 次のベクトルを正規化せよ．

(1) $\begin{pmatrix} 1 \\ -1 \end{pmatrix}$ (2) $\begin{pmatrix} 3 \\ 4 \end{pmatrix}$

補題 8.48 対称行列 A の異なる固有値に対する固有ベクトルは直交している．

【証明】 α, β を A の異なる固有値とする．α, β に対応する固有ベクトルを $\boldsymbol{x}, \boldsymbol{y}$ とする．$\boldsymbol{x}$ と $\boldsymbol{y}$ の内積 $\boldsymbol{x} \cdot \boldsymbol{y}$ は

$$\boldsymbol{x} \cdot \boldsymbol{y} = {}^t\boldsymbol{x}\boldsymbol{y}$$

と表せる．よって

$$\beta(\boldsymbol{x} \cdot \boldsymbol{y}) = \boldsymbol{x} \cdot (\beta \boldsymbol{y}) = \boldsymbol{x} \cdot (A\boldsymbol{y}) = {}^t\boldsymbol{x}A\boldsymbol{y}$$

となる．同様に

$$\alpha(\boldsymbol{x} \cdot \boldsymbol{y}) = (\alpha \boldsymbol{x}) \cdot \boldsymbol{y} = (A\boldsymbol{x}) \cdot \boldsymbol{y} = {}^t(A\boldsymbol{x})\boldsymbol{y} = {}^t\boldsymbol{x}\,{}^tA\boldsymbol{y}$$

となる．ここで A は対称行列なので $A = {}^tA$ であることに注意すると，$\beta(\boldsymbol{x} \cdot \boldsymbol{y}) = \alpha(\boldsymbol{x} \cdot \boldsymbol{y})$ すなわち $(\beta - \alpha)\,\boldsymbol{x} \cdot \boldsymbol{y} = 0$ である．よって $\beta \neq \alpha$ より $\boldsymbol{x} \cdot \boldsymbol{y} = 0$ となり $\boldsymbol{x}$ と $\boldsymbol{y}$ は直交する．

以下，2次の対称行列 A で固有値が異なるものを考える．問題 8.30 より固有値は実数であり，この2つの固有値に対する固有ベクトルは補題 8.48 より直交している．それらを正規化したものを $\boldsymbol{p}_1$, $\boldsymbol{p}_2$ とすると $P = (\boldsymbol{p}_1\ \boldsymbol{p}_2)$ は直交行列である．よって A は直交行列で対角化できる．　□

注意：次数が2であるかどうかに関係なく，また固有値が異なるかどうかに関係なく，任意の対称行列は直交行列で対角化できることが知られている．

例題 8.49　2次の対称行列 $A = \begin{pmatrix} 2 & 1 \\ 1 & 2 \end{pmatrix}$ を直交行列で対角化せよ．

[解答]　A の固有値 λ を求めると 1 と 3 となり，対応する固有ベクトルはそれぞれ

$$\lambda = 1,\ c\begin{pmatrix} -1 \\ 1 \end{pmatrix};\quad \lambda = 3,\ c\begin{pmatrix} 1 \\ 1 \end{pmatrix}$$

である. 2つの固有ベクトルを正規化したものを $\bm{p}_1$, $\bm{p}_2$ とおくと

$$\bm{p}_1 = \begin{pmatrix} -\frac{1}{\sqrt{2}} \\ \frac{1}{\sqrt{2}} \end{pmatrix},\quad \bm{p}_2 = \begin{pmatrix} \frac{1}{\sqrt{2}} \\ \frac{1}{\sqrt{2}} \end{pmatrix}$$

である. よって

$$P = (\bm{p}_1\ \bm{p}_2) = \begin{pmatrix} -\frac{1}{\sqrt{2}} & \frac{1}{\sqrt{2}} \\ \frac{1}{\sqrt{2}} & \frac{1}{\sqrt{2}} \end{pmatrix}$$

とおくと P は直交行列で

$$^tPAP = P^{-1}AP = \begin{pmatrix} 1 & 0 \\ 0 & 3 \end{pmatrix}$$

となる.

問題 8.50 2次の対称行列 $A = \begin{pmatrix} -1 & 2 \\ 2 & 2 \end{pmatrix}$ を直交行列で対角化せよ.

注意：この問題では直交行列 P の第1列, 第2列のどちらかに, あるいはその両方に -1 を掛けてもよい. また第1列と第2列を入れ替えてもよい. ただし入れ替える場合は対角化された行列の対角成分である2つの固有値も入れ替わる.

■ **2次形式**

$$ax^2 + 2bxy + cy^2$$

の形の式を **2次形式**という．ただし一般の 2 次形式は変数の個数は 2 つとは限らない．いま

$$\boldsymbol{x} = \begin{pmatrix} x \\ y \end{pmatrix}, \quad A = \begin{pmatrix} a & b \\ b & c \end{pmatrix}$$

とおけば

$$\begin{aligned} {}^t\boldsymbol{x} A \boldsymbol{x} &= (x\ y) \begin{pmatrix} a & b \\ b & c \end{pmatrix} \begin{pmatrix} x \\ y \end{pmatrix} \\ &= (x\ y) \begin{pmatrix} ax + by \\ bx + cy \end{pmatrix} \\ &= ax^2 + 2bxy + cy^2 \end{aligned}$$

すなわち 2 次形式は ${}^t\boldsymbol{x} A \boldsymbol{x}$ と表すことができる．

命題 8.51 直交行列 P により対称行列 $A = \begin{pmatrix} a & b \\ b & c \end{pmatrix}$ が対角行列 $\begin{pmatrix} \alpha & 0 \\ 0 & \beta \end{pmatrix}$ に対角化されたとする．このとき変数の直交変換

$$\boldsymbol{x} = \begin{pmatrix} x \\ y \end{pmatrix} = P \begin{pmatrix} x_1 \\ y_1 \end{pmatrix} = P \boldsymbol{x}_1$$

で 2 次形式 $ax^2 + 2bxy + cy^2$ は標準形 $\alpha x_1{}^2 + \beta y_1{}^2$ に変換される ($\alpha x_1{}^2 + \beta y_1{}^2$ のように変数の 2 乗の項しかない 2 次形式を**標準形**

という).

【証明】 $P^{-1}AP = {}^tPAP = \begin{pmatrix} \alpha & 0 \\ 0 & \beta \end{pmatrix}$ である.このとき2次形式は

$$\begin{aligned}{}^t\boldsymbol{x}A\boldsymbol{x} &= {}^t(P\boldsymbol{x}_1)A(P\boldsymbol{x}_1) = {}^t\boldsymbol{x}_1({}^tPAP)\boldsymbol{x}_1 \\ &= {}^t\boldsymbol{x}_1 \begin{pmatrix} \alpha & 0 \\ 0 & \beta \end{pmatrix} \boldsymbol{x}_1 = \alpha x_1{}^2 + \beta y_1{}^2\end{aligned}$$

と標準形に変換される. □

例題 8.52 2次形式 $-x^2 + 4xy + 2y^2$ を直交変換により標準化せよ.

[解答] この2次形式は

$$-x^2 + 4xy + 2y^2 = (x\ y)\begin{pmatrix} -1 & 2 \\ 2 & 2 \end{pmatrix}\begin{pmatrix} x \\ y \end{pmatrix}$$

となる.問題 8.50 の答えより

$$P = \begin{pmatrix} \dfrac{1}{\sqrt{5}} & -\dfrac{2}{\sqrt{5}} \\ \dfrac{2}{\sqrt{5}} & \dfrac{1}{\sqrt{5}} \end{pmatrix},\ {}^tP\begin{pmatrix} -1 & 2 \\ 2 & 2 \end{pmatrix}P = \begin{pmatrix} 3 & 0 \\ 0 & -2 \end{pmatrix}$$

となる.よって $\begin{pmatrix} x \\ y \end{pmatrix} = P\begin{pmatrix} x_1 \\ y_1 \end{pmatrix}$ と変換すると与えられた2次形式は

$3x_1{}^2 - 2y_1{}^2$ と標準形に変換される.

問題 8.53 2次形式 $x^2 + 4xy + y^2$ を直交変換により標準化せよ.

あとがき　本文補足事項

本文に付け加えたいと思われる説明をあとがきにまとめた.

■ 1.3 節関連事項

命題 1.10 に関連して，どのような場合に $x_1 y_2 - x_2 y_1$ が負になるかを考える.

平面に $\boldsymbol{0}$ でない二つのベクトル $\boldsymbol{a}, \boldsymbol{b}$ がある. $\boldsymbol{a}, \boldsymbol{b}$ のなす角を θ, $\boldsymbol{a}$ から $\boldsymbol{b}$ へ正の向きに回転したときの回転角を θ_1 とする.

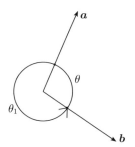

$0 \leqq \theta_1 \leqq \pi$ のときは $\theta = \theta_1$ であり，$\pi < \theta_1 < 2\pi$ のときは $\theta = 2\pi - \theta_1$ である. よって $\pi < \theta_1 < 2\pi$ のとき,

$$\cos \theta = \cos \theta_1, \ \sin \theta = -\sin \theta_1$$

となる.

命題 9.1 平面上に，$\boldsymbol{0}$ でない二つのベクトル $\boldsymbol{a} = \begin{pmatrix} x_1 \\ y_1 \end{pmatrix}$, $\boldsymbol{b} = \begin{pmatrix} x_2 \\ y_2 \end{pmatrix}$ がある．$\boldsymbol{a}$ から $\boldsymbol{b}$ へ正の向きに回転したときの回転角を θ_1 とする．このとき

$$|\boldsymbol{a}||\boldsymbol{b}|\sin\theta_1 = x_1 y_2 - x_2 y_1$$

が成立する．よって $\pi < \theta_1 < 2\pi$ のとき $x_1 y_2 - x_2 y_1$ は負になる．

【証明】 $A(x_1, y_1)$, $B(x_2, y_2)$ とおく．すなわち $\boldsymbol{a} = \overrightarrow{OA}$, $\boldsymbol{b} = \overrightarrow{OB}$ とする．また $OA = r_a$, $OB = r_b$ とおく．半直線 OX から半直線 OA, OB までの回転角をそれぞれ θ_a, θ_b とおく．このとき

$$A(r_a \cos\theta_a, r_a \sin\theta_a),\ B(r_b \cos\theta_b, r_b \sin\theta_b)$$

となる．よって

$$\begin{aligned}
x_1 y_2 - x_2 y_1 &= r_a \cos\theta_a r_b \sin\theta_b - r_a \sin\theta_a r_b \cos\theta_b \\
&= r_a r_b (\cos\theta_a \sin\theta_b - \sin\theta_a \cos\theta_b) \\
&= r_a r_b \sin(\theta_b - \theta_a) \\
&= |\boldsymbol{a}||\boldsymbol{b}|\sin\theta_1
\end{aligned}$$

となり主張が成立する． □

注意：$\theta_b - \theta_a < 0$ のときは $\theta_1 = \theta_b - \theta_a + 2\pi$ となる．

■ **4.2 節関連事項**

命題 4.6 の証明に関する付記である．

命題 4.6 の証明における 3 行目の数式において，$(p_2, \cdots, p_n)$ は 2

から n の順列であり，和の記号 $\sum$ はこのような順列すべての和を表す．順列 $(p_2, \cdots, p_n)$ の符号 $\mathrm{sgn}(p_2, \cdots, p_n)$ も同様に $(p_2, \cdots, p_n)$ の転倒数の偶数奇数によって定める．

$$\mathrm{sgn}(p_2 - 1, \cdots, p_n - 1) = \mathrm{sgn}(p_2, \cdots, p_n)$$

が成立することは明らかであるが，この $p_2 - 1, \cdots, p_n - 1$ が行列 B における成分 $a_{2p_2}, \cdots, a_{np_n}$ の属する列の番号である．

■ **命題5.21 部分空間の次元 関連事項**

定義9.2 部分空間の生成系・極小生成系

(1) $\boldsymbol{R}^n$ の部分集合 A がある．$\boldsymbol{R}^n$ の元 $\boldsymbol{b}$ が A の有限個の元の1次結合として表されるとき，「$\boldsymbol{b}$ は A で生成される」あるいは「A は $\boldsymbol{b}$ を生成する」という．

(2) $\boldsymbol{R}^n$ の部分空間 W の部分集合 A がある．W の任意の元 $\boldsymbol{b}$ が A で生成されるとき，「W は A で生成される」，「A は W を生成する」あるいは「A は W の生成系である」という．

(3) W の生成系 A がある．A のどのベクトルを除いても W の生成系でなくなるとき，A を W の極小生成系という．

定義9.3 部分空間の極大1次独立系

(1) $\boldsymbol{R}^n$ の部分集合 A がある．A の任意の有限部分集合が1次独立であるとき「A は1次独立である」という．

(2) $\boldsymbol{R}^n$ の部分空間 W の部分集合 A がある．A は1次独立で，A に $W \setminus A$ のどのベクトルを加えても1次独立でなくなるとき，A を W の極大1次独立系という．ただし $W \setminus A$ は W に属し A に属さない元の集合を表す．

命題 9.4 $\boldsymbol{R}^n$ の部分空間 W の部分集合 A に対し，次は同値である．
(1) A は W の基底である．すなわち A は 1 次独立で W の生成系である．
(2) A は W の極小生成系である．
(3) A は W の極大 1 次独立系である．

【証明】 **(1)** ⇒ **(2)**：基底 A は W の生成系であるが，これが極小生成系でないとすると，この基底から取り除いてもまだ生成系であるようなベクトルが存在する．これをたとえば $\boldsymbol{a}$ とすると $\boldsymbol{a}$ は $A \setminus \{\boldsymbol{a}\}$ で生成される．これは A が 1 次独立でないことを意味し，基底という仮定に反する．よって基底は極小生成系である．

(2) ⇒ **(3)**：まず A が W の極小生成系ならば 1 次独立であることを示す．1 次独立でないと仮定すると，自明でない 1 次関係

$$c_1 \boldsymbol{a}_1 + \cdots + c_k \boldsymbol{a}_k = \boldsymbol{0}$$

が成立するような A の部分集合 $\{\boldsymbol{a}_1, \cdots, \boldsymbol{a}_k\}$ が存在する．仮に $c_1 \neq 0$ とすると $\boldsymbol{a}_1$ は $\boldsymbol{a}_2, \cdots, \boldsymbol{a}_k$ の 1 次結合で表せる．これは $A \setminus \{\boldsymbol{a}_1\}$ が W の生成系であることを意味し，A は W の極小生成系であるという仮定に反する．よって A は 1 次独立である．

次に A が W の極大 1 次独立系であることを示す．極大でなければ $A \cup \{\boldsymbol{b}\}$ が 1 次独立であるような $\boldsymbol{b} \in W \setminus A$ が存在する．このとき $\boldsymbol{b}$ は A で生成されない．これは A が W の生成系であるという仮定に反する．

(3) ⇒ **(1)**：A が W の極大 1 次独立系ならば生成系であることを示す．仮に生成系でないとすると A で生成されない W の元 $\boldsymbol{b}$ が存在する．このとき $A \cup \{\boldsymbol{b}\}$ は 1 次独立となる．これは A が W の極大 1 次独立系であるという仮定に反する．よって A は W の生成系である． □

補題 9.5　A を W の基底，B を W の生成系とする．このとき A の任意の元 $\boldsymbol{a}$ に対して，B の元 $\boldsymbol{b}$ が存在して A' が W の基底であるようにできる．ここに A' は A の元 $\boldsymbol{a}$ を $\boldsymbol{b}$ に置き換えた集合である．

【証明】　基底は極小生成系なので，$\boldsymbol{a}$ をはずした $A \setminus \{\boldsymbol{a}\}$ は生成系ではない．よって B の中には $A \setminus \{\boldsymbol{a}\}$ で生成されない元がある．それを $\boldsymbol{b}$ とする．$\boldsymbol{b}$ は A で生成されるので

$$\boldsymbol{b} = c\boldsymbol{a} + c_1\boldsymbol{a}_1 + \cdots + c_k\boldsymbol{a}_k, \quad \{\boldsymbol{a}_1, \cdots, \boldsymbol{a}_k\} \subset A \setminus \{\boldsymbol{a}\}$$

と表せるが，$\boldsymbol{b}$ の選び方より $c \neq 0$ である．これは A' が $\boldsymbol{a}$ を生成することを意味する．よって A' は W の生成系である．次に A' が1次独立であることを示す．今1次関係

$$c\boldsymbol{b} + c_1\boldsymbol{a}_1 + \cdots + c_k\boldsymbol{a}_k = \boldsymbol{0}, \quad \{\boldsymbol{a}_1, \cdots, \boldsymbol{a}_k\} \subset A \setminus \{\boldsymbol{a}\}$$

があるとする．$\boldsymbol{b}$ の選び方より $c = 0$ である．次に A の1次独立性より $c_1 = \cdots = c_k = 0$ となる．すなわち A' は1次独立である．よって A' は W の基底である．　□

系 9.6　$\boldsymbol{R}^n$ の任意の基底は n 個のベクトルからなる．

【証明】　B を $\boldsymbol{R}^n$ の基底とする．前の補題より標準基底 $\{\boldsymbol{e}_1, \cdots, \boldsymbol{e}_n\}$ のベクトルはすべて B のどれかと置き換えて新たな n 個のベクトルからなる基底を作ることができる．これは基底 B が n 個のベクトルからなることを示す．よって証明された．　□

補題 9.7 B を $\boldsymbol{R}^n$ の部分空間 W の基底とするとき，B に標準基底 $\{\boldsymbol{e}_1, \cdots, \boldsymbol{e}_n\}$ のいくつかを付け加えて $\boldsymbol{R}^n$ の基底とすることができる．

【証明】 B が $\boldsymbol{R}^n$ を生成していなければ標準基底 $\{\boldsymbol{e}_1, \cdots, \boldsymbol{e}_n\}$ のどれかのベクトル $\boldsymbol{e}_j$ で B で生成されないものが存在する．B に $\boldsymbol{e}_j$ を付け加えたものは 1 次独立である．これが仮に $\boldsymbol{R}^n$ を生成していなければ，さらに標準基底のどれかのベクトルを付け加えて 1 次独立な集合を作ることができる．このようにしていけば，いつかは $\boldsymbol{R}^n$ の基底ができる． □

この補題より $\boldsymbol{R}^n$ の部分空間 W の基底の個数は n 以下であることがわかる．

補題 9.8 $\boldsymbol{R}^n$ の部分空間 W の基底の個数は基底の選び方によらず一定である．

【証明】 系 9.6 の証明と同様の議論である． □

■ **命題 6.7 関連事項**

命題 9.9 行列の行ベクトルで生成される部分空間は行基本変形で不変である．

命題 9.10 行列の列ベクトルで生成される部分空間の次元は行基本変形で不変である．

命題 9.11 行列の行ベクトルで生成される部分空間と列ベクトルで生成される部分空間の次元は一致する．

本項では上記の3つの命題を証明する.

補題 9.12 $l \times m$ 行列 D と $m \times n$ 行列 A があり,その積を $DA = B$ とおく.次が成立する.
(1) B の行ベクトルで生成される部分空間は A の行ベクトルで生成される部分空間に含まれる.
(2) B の列ベクトルで生成される部分空間の次元は A の列ベクトルで生成される部分空間の次元以下である.

補題 9.12 より次の系がただちに導かれる.

系 9.13 $m \times m$ 正則行列 D と $m \times n$ 行列 A があり,その積を $DA = B$ とおく.次が成立する.
(1) B の行ベクトルで生成される部分空間と A の行ベクトルで生成される部分空間は一致する.
(2) B の列ベクトルで生成される部分空間の次元と A の列ベクトルで生成される部分空間の次元は等しい.

【**補題 9.12 の証明**】 **(1)** を示す.A の行ベクトルを第 1 行から順に $\boldsymbol{a}_1, \cdots, \boldsymbol{a}_m$ とする.また D の第 i 行を $(d_{i1} \cdots d_{im})$ とすると B の第 i 行は $d_{i1}\boldsymbol{a}_1 + \cdots + d_{im}\boldsymbol{a}_m$ となり,これは A の行ベクトルの 1 次結合である.よって (1) が成立する.

(2) を示す.A の列ベクトルを第 1 列から順に $\boldsymbol{c}_1, \cdots, \boldsymbol{c}_n$,$B$ の列ベクトルを第 1 列から順に $\boldsymbol{b}_1, \cdots, \boldsymbol{b}_n$ とする.このとき次の主張 (α) が成立することを示す.
(α) $\boldsymbol{c}_1, \cdots, \boldsymbol{c}_n$ の間に 1 次関係

$$k_1 \boldsymbol{c}_1 + \cdots + k_n \boldsymbol{c}_n = \boldsymbol{0} \tag{9.1}$$

が成り立てば，$b_1, \cdots, b_n$ の間に同じ係数の 1 次関係

$$k_1 b_1 + \cdots + k_n b_n = \mathbf{0} \tag{9.2}$$

が成立する．

主張 (α) の証明であるが (9.1) は

$$A \begin{pmatrix} k_1 \\ \vdots \\ k_n \end{pmatrix} = (c_1, \cdots, c_n) \begin{pmatrix} k_1 \\ \vdots \\ k_n \end{pmatrix} = \begin{pmatrix} 0 \\ \vdots \\ 0 \end{pmatrix}$$

と表すことができる．行列 D を左から掛けると

$$DA \begin{pmatrix} k_1 \\ \vdots \\ k_n \end{pmatrix} = D \begin{pmatrix} 0 \\ \vdots \\ 0 \end{pmatrix} = \begin{pmatrix} 0 \\ \vdots \\ 0 \end{pmatrix}$$

よって $DA = B = (b_1, \cdots, b_n)$ に注意すると

$$(b_1, \cdots, b_n) \begin{pmatrix} k_1 \\ \vdots \\ k_n \end{pmatrix} = \begin{pmatrix} 0 \\ \vdots \\ 0 \end{pmatrix}$$

となり (9.2) が成立する．これで主張 (α) が示された．

　J を $\{1, \cdots, n\}$ の部分集合とする．主張 (α) より $\{c_j, j \in J\}$ が 1 次従属ならば $\{b_j, j \in J\}$ も 1 次従属であることがわかる．対偶は「$\{b_j, j \in J\}$ が 1 次独立ならば $\{c_j, j \in J\}$ も 1 次独立である」となるが，これより「1 次独立である B の列ベクトルの最大個数は，1 次独立である A の列ベクトルの最大個数以下である」ことがわかる．よって (2) が示された． □

行基本変形に対応する行列を D とすると D は正則行列である．よって系 9.13 より命題 9.9 と命題 9.10 が成立することがわかる．命題 9.11 について，行列がピボットが 1 の階段行列の場合，命題 9.11 の主張が成立することは次の命題 9.14 で示す．一般の行列の場合は行基本変形でピボットが 1 の階段行列に変形し命題 9.9 と命題 9.10 を使えばよい．

命題 9.14 行列 C をピボットが 1 の階段行列とし，そのピボットの数を s とする．このとき C の行ベクトルで生成された部分空間の次元と，C の列ベクトルで生成された部分空間の次元はともに s である．

【証明】 C の行ベクトルで生成された部分空間を W とおく．W の次元が s であることをいう．C の $\bm{0}$ でない行ベクトル全体 B が W の基底であることを示せばよい．

B が W を生成することは明らかである．1 次独立であることを示す．いま B に属する行ベクトルを 1 つ取り，それを第 i 行とする．第 i 行にあるピボットは (i,j) 成分であるとする．階段行列 C の第 j 列はピボットである 1 以外はすべて 0 である．これは B の第 i 行を除く残りの行ベクトルで第 i 行が生成されないことを意味する．よって B は 1 次独立である．

次に C の列ベクトルで生成された部分空間を V とする．列ベクトルの中でピボットを含むもの全体が V の基底であることを示す．

実際 C を $m \times n$ 行列としピボットの数を s とする．ピボットのある列ベクトルだけを考え，その集合を S とおく．それらは $\bm{R}^m$ の基本ベクトルの最初の s 個であり，これらの列ベクトル S が 1 次独立であることは明らかである．また C の第 $s+1$ 行から下の成分がすべて 0 であることに注意すると，C の任意の列ベクトルは S のベクトルの 1 次結合として表すことができる．よって S は V を生成するので，S は V の基底である． □

【命題 8.14 の証明】 (1) $A = (\boldsymbol{p}_1 \cdots \boldsymbol{p}_m)$ とおく。$T(\boldsymbol{e}_i) = \boldsymbol{p}_i$ である。ただし $\boldsymbol{e}_i$, $1 \leqq i \leqq m$ は m 次の基本ベクトルである。像 $T(\boldsymbol{R}^m)$ はこれら m 個のベクトル $\boldsymbol{p}_1, \cdots, \boldsymbol{p}_m$ で生成されている。すなわち $T(\boldsymbol{R}^m)$ は A の列ベクトルで生成された $\boldsymbol{R}^n$ の部分空間である。よって $\mathrm{rank}\, A = \dim T(\boldsymbol{R}^m)$ である。

(2) $\dim \mathrm{Ker}(T) = s$ とし $\mathrm{Ker}(T)$ の基底を $\boldsymbol{p}_1, \cdots, \boldsymbol{p}_s$ とする。また $\dim T(\boldsymbol{R}^m) = t$ とし $T(\boldsymbol{R}^m)$ の基底を $\boldsymbol{q}_1, \cdots, \boldsymbol{q}_t$ とする。このとき $\boldsymbol{p}_{s+1}, \cdots, \boldsymbol{p}_{s+t}$ を $T(\boldsymbol{p}_{s+i}) = \boldsymbol{q}_i$ が成立するように定めると，$\boldsymbol{p}_1, \cdots, \boldsymbol{p}_{s+t}$ が $\boldsymbol{R}_m$ の基底であることが容易に示される．よって (2) が示された．　□

問題解答

問題 1.3 省略

問題 1.4

(1) $\overrightarrow{\mathrm{AB}} = \begin{pmatrix} -3 \\ 4 \\ -1 \end{pmatrix} = -3e_1 + 4e_2 - e_3, \quad |\overrightarrow{\mathrm{AB}}| = \sqrt{26}$

(2) $\overrightarrow{\mathrm{AB}} = \begin{pmatrix} -7 \\ 0 \\ -3 \end{pmatrix} = -7e_1 - 3e_3, \quad |\overrightarrow{\mathrm{AB}}| = \sqrt{58}$

問題 1.5 原点中心，半径 1 の円周

問題 1.6

(1) $\begin{pmatrix} \frac{3}{5} \\ \frac{4}{5} \end{pmatrix}$ (2) $\begin{pmatrix} \pm\frac{4}{5} \\ \mp\frac{3}{5} \end{pmatrix}$ （複合同順）

問題 1.11

(1) -7 (2) $|a| = \sqrt{10}, \ |b| = \sqrt{17}$ (3) $-\dfrac{7}{\sqrt{170}}$ (4) 11

問題 1.12

(1) -2 (2) $|a| = 3, \ |b| = \sqrt{6}$ (3) $-\dfrac{\sqrt{6}}{9}$ (4) $5\sqrt{2}$

問題 1.13 (1) $\dfrac{3}{8}$ (2) $\dfrac{27}{7}$

問題 1.14 $x + 2y + 3z - 9 = 0$

問題 1.17 $2x + y - z \pm \sqrt{6} = 0$

問題 1.18 (1) $\begin{pmatrix} 2/\sqrt{6} \\ -1/\sqrt{6} \\ -1/\sqrt{6} \end{pmatrix}$ または $\begin{pmatrix} -2/\sqrt{6} \\ 1/\sqrt{6} \\ 1/\sqrt{6} \end{pmatrix}$ (2) $\dfrac{1}{\sqrt{6}}$ (3) $\dfrac{4}{\sqrt{6}}$

問題 1.21

(1) $x + 2 = \dfrac{y-1}{2} = \dfrac{z-3}{-2}$

(2) $y = 1$, $z = 3$

(3) $x + 2 = \dfrac{y-1}{4}$, $z = 3$

問題 1.22

(1) $\dfrac{x-1}{-3} = \dfrac{y-1}{-1} = z$

(2) $\dfrac{x-1}{2} = y - 4 = \dfrac{z-7}{-4}$

問題 1.28 外積は $\begin{pmatrix} -7 \\ -5 \\ 4 \end{pmatrix}$ で，面積は $3\sqrt{10}$

問題 1.29 外積は $\begin{pmatrix} -3 \\ 1 \\ 2 \end{pmatrix}$ で，面積は $\sqrt{14}$

問題 2.1 (1) $\begin{pmatrix} 1 & -1 & 1 & -1 \\ -1 & 1 & -1 & 1 \\ 1 & -1 & 1 & -1 \\ -1 & 1 & -1 & 1 \end{pmatrix}$ (2) $\begin{pmatrix} 0 & 1 & 2 & 3 \\ 1 & 0 & 1 & 2 \\ 2 & 1 & 0 & 1 \\ 3 & 2 & 1 & 0 \end{pmatrix}$

問題 2.2 (1), (4), (5) が定義される．

(1) $A + B = \begin{pmatrix} 6 & 4 \\ -2 & -1 \end{pmatrix}$ (4) $B - 2A = \begin{pmatrix} 0 & 1 \\ 7 & -13 \end{pmatrix}$

(5) $-2D = \begin{pmatrix} -8 & 6 & -4 \\ -2 & -12 & -10 \end{pmatrix}$

問題 2.5 (3), (5), (6) が定義される．

(3) $AC = \begin{pmatrix} -8 & -9 & 11 \\ 19 & 10 & -6 \end{pmatrix}$ (5) $BC = \begin{pmatrix} 27 & 19 & -17 \\ 11 & 14 & -18 \\ 3 & -8 & 16 \end{pmatrix}$

(6) $CB = \begin{pmatrix} 16 & 4 \\ -19 & 41 \end{pmatrix}$

問題 2.6

(1) $\begin{pmatrix} 0 & 0 & 0 \\ 0 & 0 & 0 \end{pmatrix}$ (2) $\begin{pmatrix} 1 & 0 \\ 0 & 1 \end{pmatrix}$ (3) $\begin{pmatrix} 1 & 0 & 0 \\ 0 & 1 & 0 \\ 0 & 0 & 1 \end{pmatrix}$

問題 2.11 ${}^t\boldsymbol{ab} = -1$, $\boldsymbol{a}{}^t\boldsymbol{b} = \begin{pmatrix} -6 & 3 \\ -10 & 5 \end{pmatrix}$

問題 2.14

(1) ${}^tA = \begin{pmatrix} 2 & 5 \\ -1 & 4 \\ 3 & -4 \end{pmatrix}$ (2) ${}^tAA = \begin{pmatrix} 29 & 18 & -14 \\ 18 & 17 & -19 \\ -14 & -19 & 25 \end{pmatrix}$

(3) ${}^t({}^tBB) = {}^tB \; {}^t({}^tB) = {}^tBB$, ${}^t(B{}^tB) = {}^t({}^tB) \; {}^tB = B \; {}^tB$
よって ${}^tBB$ と $B \; {}^tB$ は対称行列である.

問題 2.15

$B = \dfrac{1}{2}(A + {}^tA) = \dfrac{1}{2}\begin{pmatrix} 2 & 5 \\ 5 & 8 \end{pmatrix}$, $C = \dfrac{1}{2}(A - {}^tA) = \dfrac{1}{2}\begin{pmatrix} 0 & -1 \\ 1 & 0 \end{pmatrix}$

問題 3.3
(1) 転倒数は 5 で $\mathrm{sgn}(4,2,3,1) = -1$
(2) 転倒数は 4 で $\mathrm{sgn}(2,3,5,1,4) = 1$

問題 3.4   転倒数は $(n-1) + \cdots + 1 = \dfrac{n(n-1)}{2}$

$n = 4k$ のとき. 転倒数 $2k(4k-1)$ は偶数. 符号は 1
$n = 4k+1$ のとき. 転倒数 $(4k+1)2k$ は偶数. 符号は 1
$n = 4k+2$ のとき. 転倒数 $(2k+1)(4k-1)$ は奇数. 符号は -1
$n = 4k+3$ のとき. 転倒数 $(4k+3)(2k+1)$ は奇数. 符号は -1

問題 3.12   (1) 5,   (2) -10

問題 3.13 -2

問題 **3.17** (1) 31, (2) 55, (3) 264

問題 **4.7** -6

問題 **4.13** (1) $(a-b)(b-c)(c-a)$ (2) $-(a-b)(b-c)(c-a)$

問題 **4.14** $(x-1)^2(x+2)$

問題 **4.15** -32

問題 **4.22** 計算は省略

問題 **4.26** $|P^{-1}AP| = |P^{-1}||A||P| = |A||P^{-1}||P| = |AP^{-1}P| = |A|$

問題 **4.27** 計算は省略

問題 **4.28** (1) 計算は省略 (2) $4a^2b^2c^2$

問題 **4.29** (1) $\Delta_{22} = -12$, $\Delta_{23} = -6$ (2) $A_{22} = -12$, $A_{23} = 6$

問題 **4.30** (1) $\Delta_{13} = -4$ (2) $A_{13} = -4$

問題 **4.34** 67

問題 **4.37** $\widetilde{A} = \begin{pmatrix} d & -b \\ -c & a \end{pmatrix}$

問題 **4.43** $\dfrac{1}{6} \begin{pmatrix} -10 & 8 & -4 \\ -8 & 4 & -2 \\ 1 & 1 & 1 \end{pmatrix}$

問題 **5.3** (1) $\begin{pmatrix} -7 \\ -3 \\ -7 \\ 6 \end{pmatrix}$ (2) 14 (3) $\sqrt{15}$

問題 **5.10** 解答は省略

問題 **5.11** $x = \dfrac{3}{2}$

問題 **5.18**
$\boldsymbol{a}, \boldsymbol{b} \in W$, $c \in \boldsymbol{R}$ のとき
$A(\boldsymbol{a} + \boldsymbol{b}) = A\boldsymbol{a} + A\boldsymbol{b} = \boldsymbol{0} + \boldsymbol{0} = \boldsymbol{0}$, $A(c\boldsymbol{a}) = c(A\boldsymbol{a}) = c\boldsymbol{0} = \boldsymbol{0}$
よって $\boldsymbol{a} + \boldsymbol{b} \in W$, $c\boldsymbol{a} \in W$ となり W は和と実数倍で閉じている.

問題 **6.9** ピボットが 1 の階段行列は $\begin{pmatrix} 1 & 0 & 1 \\ 0 & 1 & -5 \\ 0 & 0 & 0 \\ 0 & 0 & 0 \end{pmatrix}$ となるので, 階数は 2 である. (rank $A = 2$)

問題 **6.14**

(1) $A^{-1} = \begin{pmatrix} -2 & 1 \\ 3/2 & -1/2 \end{pmatrix}$ (2) $A^{-1} = \begin{pmatrix} 0 & 1 & 1 \\ 1 & 1 & 1 \\ 1 & 1 & 0 \end{pmatrix}$

問題 **7.4**　$x = \dfrac{1}{2}, y = 2$

問題 **7.5**　$z = 3$

問題 **7.9**

(1) $x = -11, y = 2$

(2) $x = 1 + 2c, y = -4 - 3c, z = c$（$c$ は任意の数）

(3) 解なし

問題 **7.13**　$x = -4c, y = 2c, z = c$（c は任意の数）

問題 **7.14**　$k = -1$

問題 **7.18**

(1) $\operatorname{rank} A' = \operatorname{rank} A = 2 = n$

(2) $\operatorname{rank} A' = \operatorname{rank} A = 2 < 3 = n$

(3) $\operatorname{rank} A' = 3,\ \operatorname{rank} A = 2$

問題 **8.5**　$\begin{pmatrix} a & b \\ c & d \end{pmatrix}$

問題 **8.6**　$\begin{pmatrix} \dfrac{3}{2} & \dfrac{1}{2} \\ -\dfrac{13}{4} & -\dfrac{3}{4} \end{pmatrix}$

問題 **8.7**　$\begin{pmatrix} 0 & 1 \\ 1 & 0 \end{pmatrix}$

問題 **8.9**　$\begin{pmatrix} -\dfrac{1}{2} & -\dfrac{\sqrt{3}}{2} \\ \dfrac{\sqrt{3}}{2} & -\dfrac{1}{2} \end{pmatrix}$

問題 **8.11**　(1) $5x + 4y = 5$　(2) $13x^2 + 16xy + 5y^2 = 1$

問題 **8.16**　$\operatorname{rank} A = 2$ より，像の次元は 2, 核の次元は 1.

問題 **8.19** $\begin{pmatrix} 0 & 1 \\ -3 & 6 \end{pmatrix}$

問題 **8.21** $\begin{pmatrix} \dfrac{\sqrt{3}}{2} & \dfrac{1}{2} \\ \dfrac{1}{2} & -\dfrac{\sqrt{3}}{2} \end{pmatrix}$

問題 **8.22** $\begin{pmatrix} 1 & 0 & 0 \\ -1 & 1 & 0 \\ 0 & -1 & 1 \end{pmatrix}$

問題 **8.29** (1) $3, 6$ (2) $2, -3$ (3) $1, 2, 3$

問題 **8.30** $A = \begin{pmatrix} a & b \\ b & c \end{pmatrix}$ とおく．固有方程式は

$$(x-a)(x-c) - b^2 = x^2 - (a+c)x + ac - b^2 = 0$$

である．判別式は

$$(a+c)^2 - 4(ac - b^2) = (a-c)^2 + 4b^2 \geqq 0$$

よって A の固有値は実数である．

問題 **8.33**

(1) 固有値は $-1, -4$ で対応する固有ベクトルはそれぞれ

$$c \begin{pmatrix} 1 \\ 1 \end{pmatrix} \ (c \neq 0), \quad c \begin{pmatrix} -2 \\ 1 \end{pmatrix} \ (c \neq 0)$$

(2) 固有値は $4, -6$ で対応する固有ベクトルはそれぞれ

$$c \begin{pmatrix} 4 \\ 1 \end{pmatrix} \ (c \neq 0), \quad c \begin{pmatrix} -1 \\ 1 \end{pmatrix} \ (c \neq 0)$$

問題 **8.34** 固有ベクトルは $c \begin{pmatrix} 2 \\ -1 \\ 1 \end{pmatrix} \ (c \neq 0)$

問題 **8.40**

(1) $P = \begin{pmatrix} 1 & -2 \\ 1 & 1 \end{pmatrix}$ とおくと $P^{-1}AP = \begin{pmatrix} -1 & 0 \\ 0 & -4 \end{pmatrix}$ となる. (2) $P = \begin{pmatrix} 4 & -1 \\ 1 & 1 \end{pmatrix}$ とおくと $P^{-1}AP = \begin{pmatrix} 4 & 0 \\ 0 & -6 \end{pmatrix}$ となる.

問題 **8.44** $a = b = \dfrac{\sqrt{3}}{2}$ または $a = b = -\dfrac{\sqrt{3}}{2}$

問題 **8.47** (1) $\begin{pmatrix} \dfrac{1}{\sqrt{2}} \\ -\dfrac{1}{\sqrt{2}} \end{pmatrix}$ (2) $\begin{pmatrix} \dfrac{3}{5} \\ \dfrac{4}{5} \end{pmatrix}$

問題 **8.50** $P = \begin{pmatrix} \dfrac{1}{\sqrt{5}} & -\dfrac{2}{\sqrt{5}} \\ \dfrac{2}{\sqrt{5}} & \dfrac{1}{\sqrt{5}} \end{pmatrix}$, $\begin{pmatrix} 3 & 0 \\ 0 & -2 \end{pmatrix}$

問題 **8.53**

$\begin{pmatrix} x \\ y \end{pmatrix} = \begin{pmatrix} \dfrac{1}{\sqrt{2}} & -\dfrac{1}{\sqrt{2}} \\ \dfrac{1}{\sqrt{2}} & \dfrac{1}{\sqrt{2}} \end{pmatrix} \begin{pmatrix} x_1 \\ y_1 \end{pmatrix}$ により $3x_1{}^2 - y_1{}^2$ と標準化される.

索引

[英数字]
1 次関係 ……………… 69
1 次結合 ……………… 69
1 次従属 ……………… 70
1 次独立 ……………… 70
2 次形式 ……………… 124
2 直線のなす角 ……… 5

[ア行]
一対一対応 …………… 99
位置ベクトル ………… 1

大きさ ………………… 1

[カ行]
解空間 ………………… 93
階数 …………………… 78
外積 …………………… 16
階段行列 ……………… 50
核 ……………………… 105
拡大係数行列 ………… 88

基底 …………………… 73
基本順列 ……………… 30
基本ベクトル ………… 3
基本ベクトル表示 …… 4
逆行列 ………………… 24
逆ベクトル …………… 3
逆変換 ………………… 108
行 ……………………… 19

行基本変形 …………… 75
行列 …………………… 19
行列式 ………………… 33
行列式の展開 ………… 60
行列の k 倍 ………… 20
行列の成分 …………… 19
行列の積 ……………… 20
行列の和 ……………… 19
極小生成系 …………… 129
極大 1 次独立系 ……… 129

クラメルの公式 ……… 84

係数行列 ……………… 84
結合法則 ……………… 21
元 ……………………… 99

合成写像 ……………… 106
交代行列 ……………… 27
交代性 ………………… 43
恒等変換 ……………… 108
互換 …………………… 30
弧度法 ………………… 5
固有多項式 …………… 110
固有値 ………………… 109
固有ベクトル ………… 109
固有方程式 …………… 110

[サ行]
サラスの方法 ………… 35

次元 ·················· 74
実数倍 ················ 3
始点 ·················· 1
自明な1次関係 ········ 70
自明な解 ·············· 93
写像 ·················· 99
集合 ·················· 99
終点 ·················· 1
順列 ·················· 29
順列の符号 ············ 29
小行列式 ·············· 58
消去法 ················ 79

数ベクトル空間 ········ 67
数ベクトル表示 ········ 1

正規化 ················ 121
生成系 ················ 129
生成された ············ 73
正則行列 ·············· 24
成分 ·················· 1
成分表示 ·············· 1
正方行列 ·············· 23
線形写像 ·············· 99

像 ················ 99, 105

[タ行]
対角化 ················ 119
対角化可能 ············ 115
対角行列 ·············· 23
対角成分 ·············· 23
対称行列 ·············· 27
多重線形性 ············ 42
単位行列 ·············· 23
単位ベクトル ·········· 1

直交行列 ·············· 119
直線の方程式 ·········· 13
転置行列 ·············· 25
転倒 ·················· 29
転倒数 ················ 29
点と平面との距離 ······ 12

[ナ行]
内積 ·················· 5
長さ ·················· 1

[ハ行]
掃き出す ·············· 49

ピボット ·············· 50
表現行列 ·············· 101
標準基底 ·············· 74
標準形 ················ 124

部分空間 ·············· 72
部分ベクトル空間 ······ 72
分配法則 ·············· 21

平面の方程式 ·········· 10
ベクトル ·············· 1
ベクトルのなす角 ······ 5
ベクトルの和 ·········· 2
ベクトル方程式 ···· 10, 13
変換 ·················· 99

方向ベクトル ·········· 13
法線ベクトル ·········· 9

[ヤ・ラ・ワ行]
有向線分 ·············· 1

余因子	……………………	58	零行列	…………………… 22
余因子行列	…………………	63	零ベクトル	………………… 1
要素	………………………	99	列	……………………… 19
余弦定理	……………………	6	列基本変形	……………… 75
ラジアン	…………………	5		

memo

memo

〈著者紹介〉

来嶋　大二（きじま　だいじ）

略　歴
広島大学大学院理学研究科数学専攻博士前期課程修了．
元　　　近畿大学工学部教授．理学博士．

田中　広志（たなか　ひろし）

略　歴
岡山大学大学院自然科学研究科数理電子科学専攻博士後期課程修了．
現　在　近畿大学工学部講師．博士（理学）．

小畑　久美（こばた　くみ）

略　歴
近畿大学大学院総合理工学研究科理学専攻博士後期課程修了．
現　在　近畿大学工学部助教．博士（理学）．

これだけはつかみたい **線形代数** *Basic Linear Algebra* *you should know* 2015 年 2 月 25 日　初版 1 刷発行 2022 年 2 月 20 日　初版 5 刷発行	著　者 発行者 発行所	来嶋大二 田中広志　Ⓒ 2015 小畑久美 南條光章 **共立出版株式会社** 〒112-0006 東京都文京区小日向 4-6-19 電話番号　03-3947-2511（代表） 振替口座　00110-2-57035 共立出版ホームページ www.kyoritsu-pub.co.jp
	印　刷 製　本	大日本法令印刷 協栄製本
検印廃止 NDC 411.35 ISBN 978-4-320-11104-2		一般社団法人 自然科学書協会 会員 Printed in Japan

|JCOPY|＜出版者著作権管理機構委託出版物＞
本書の無断複製は著作権法上での例外を除き禁じられています．複製される場合は，そのつど事前に，出版者著作権管理機構（TEL：03-5244-5088，FAX：03-5244-5089，e-mail：info@jcopy.or.jp）の許諾を得てください．

◆ 色彩効果の図解と本文の簡潔な解説により数学の諸概念を一目瞭然化！

ドイツ Deutscher Taschenbuch Verlag 社の『dtv-Atlas事典シリーズ』は，見開き2ページで1つのテーマが完結するように構成されている。右ページに本文の簡潔で分り易い解説を記載し，かつ左ページにそのテーマの中心的な話題を図像化して表現し，本文と図解の相乗効果で理解をより深められるように工夫されている。これは，他の類書には見られない『dtv-Atlas 事典シリーズ』に共通する最大の特徴と言える。本書は，このシリーズの『dtv-Atlas Mathematik』と『dtv-Atlas Schulmathematik』の日本語翻訳版。

カラー図解 数学事典

Fritz Reinhardt・Heinrich Soeder ［著］
Gerd Falk ［図作］
浪川幸彦・成木勇夫・長岡昇勇・林　芳樹 ［訳］

数学の最も重要な分野の諸概念を網羅的に収録し，その概観を分り易く提供。数学を理解するためには，繰り返し熟考し，計算し，図を書く必要があるが，本書のカラー図解ページはその助けとなる。

【主要目次】　まえがき／記号の索引／序章／数理論理学／集合論／関係と構造／数系の構成／代数学／数論／幾何学／解析幾何学／位相空間論／代数的位相幾何学／グラフ理論／実解析学の基礎／微分法／積分法／関数解析学／微分方程式論／微分幾何学／複素関数論／組合せ論／確率論と統計学／線形計画法／参考文献／索引／著者紹介／訳者あとがき／訳者紹介

■菊判・ソフト上製本・508頁・定価6,050円（税込）■

カラー図解 学校数学事典

Fritz Reinhardt ［著］
Carsten Reinhardt・Ingo Reinhardt ［図作］
長岡昇勇・長岡由美子 ［訳］

『カラー図解 数学事典』の姉妹編として，日本の中学・高校・大学初年級に相当するドイツ・ギムナジウム第5学年から13学年で学ぶ学校数学の基礎概念を1冊に編纂。定義は青で印刷し，定理や重要な結果は緑色で網掛けし，幾何学では彩色がより効果を上げている。

【主要目次】　まえがき／記号一覧／図表頁凡例／短縮形一覧／学校数学の単元分野／集合論の表現／数集合／方程式と不等式／対応と関数／極限値概念／微分計算と積分計算／平面幾何学／空間幾何学／解析幾何学とベクトル計算／推測統計学／論理学／公式集／参考文献／索引／著者紹介／訳者あとがき／訳者紹介

■菊判・ソフト上製本・296頁・定価4,400円（税込）■

www.kyoritsu-pub.co.jp　　共立出版　　（価格は変更される場合がございます）

https://www.facebook.com/kyoritsu.pub